好在 丛书 Haozai Collection

燕园草木补

刘华杰 编著

中国科学技术出版社
·北京·

图书在版编目（CIP）数据

燕园草木补/ 刘华杰编著-北京：中国科学技术出版社，2015.11
（“好在”丛书）
ISBN 978-7-5046-6997-1
Ⅰ.①燕… Ⅱ.①刘… Ⅲ.①北京大学-植物志 Ⅳ. ① Q948.521

中国版本图书馆 CIP 数据核字（2015）第 245962 号

策划编辑　杨虚杰
责任编辑　胡　怡
书籍设计　刘影子
植物绘图　李聪颖
责任校对　凌红霞
责任印制　马宇晨

出　　版　中国科学技术出版社
发　　行　科学普及出版社发行部
地　　址　北京市海淀区中关村南大街 16 号
邮　　编　100081
发行电话　010-62103130
传　　真　010-62179148
投稿电话　010-62103136
网　　址　http://www.cspbooks.com.cn

开　　本　720mm × 1000mm　1/16
字　　数　290 千字
印　　张　21
版　　次　2015 年 11 月第 1 版
印　　次　2015 年 11 月第 1 次印刷
印　　刷　北京盛通印刷股份有限公司

书　　号　ISBN 978-7-5046-6997-1/Q · 191
定　　价　79.00 元

作者简介

刘华杰，北京大学哲学系教授、博士生导师，博物学家。研究领域为科学史、科学哲学和科学社会学。东北人，北京大学地质学本科，中国人民大学哲学硕士、博士。近年来倡导恢复博物学教育，主张博物学生存（living as a naturalist）。与博物学相关的作品有《看得见的风景》《天涯芳草》《博物人生》《檀岛花事：夏威夷植物日记》《博物自在》等。获得霍英东奖、文津图书奖、台湾吴大猷科普佳作银签奖等。

内容提要

北京大学主校区燕园每年要接待数十万游客，由老校长许智宏院士亲自主持的校园植物图谱《燕园草木》（北京大学出版社2011年）出版后受到师生和游客的热烈欢迎，短时间内便重印了多次。燕园校区有植物大约450种，但《燕园草木》只收录185种，远远无法满足读者在校园里识花认草的需要。针对这种情况，《燕园草木补》另外收录71科232种植物，并对校园植物的管理进行了个人化的点评。两书合起来是对北京大学校园历史的一种具体记录，有助于读者辨识校园中绝大部分植物，也有利于复兴博物学文化。

目录

写在前面

经常有人拍下校园花草照片，问我植物叫什么名字。起初，我还有热情一一回复。没想到，越问越多；有时一次竟问十几种植物，而且照片拍得并不清晰或未拍出植物关键物征。

我的经验是，一次问得太多的，通常并无诚意；即使费力告诉了名字，问者也会迅速忘掉。久之，我便叫问者自己看《燕园草木》（许智宏、顾红雅主编，北京大学出版社2011年。我本人也参与了少量工作），并鼓励一句："自己查出名字，记忆会更深刻。"当然这也不是假话。可是问题又来了，问者抱怨《燕园草木》收录的植物太少，许多植物根本查不到。这倒是真的。

我本人早就想编一本简明的北大植物手册，正好借此机会在《燕园草木》之外另收一些校园植物，取名《燕园草木补》（以下简称本书）。等条件成熟了，可以编一部《北京大学校园植物志》。

本书用图片展示北京大学校园中的植物，应与《燕园草木》配合阅读。两书所收植物种类互不重复。一般说来，《燕园草木》收录的植物在校园更常见，更有显示度，本书收录的则显得不重要，人们对它们也经常视而不见。

当然，重要与否是相对的。每一种生命，都有值得关注的理由。这次新收录的种类中也有显示度大的，如槭树科复叶枫、桑科柘树、榆科青檀、葡萄科蘡薁、蔷薇科白鹃梅等。

《燕园草木》和本书分别收录185个和232个种、变种或亚种，合计417种。估计北京大学燕园校区在2015年时共有植物约450种。因此这两部书覆盖了校园中的大部分植物。

校园植物种类始终处于变化之中，本书是2014－2015年北京大学燕园校区植物的一份个人化的记录，博物学、植物学爱好者可用作识花认草的手册。

为便于查找本书收录的植物，"科"按中文科名升序排列。书末附植物俗名、学名索引。

植物学名、中文名依据的顺序为：（1）《中国植物志》英文版 *Flora of China* (简称FOC)，（2）《中国植物志》电子版，（3）《北京植物志》。个别有例外，如鹅观草、纤毛鹅观草仍然采用《中国植物志》电子版的名称而未采用FOC的名称；山莴苣仍然依《北京植物志》而没有依《中国植物志》（称翅果菊）。北京大学校园里蓟属（*Cirsium*）常见两种明显不同的“刺儿菜”，应当按《北京植物志》（参考第1091–1092页；第1501–1502页）分开，不宜合并；《燕园草木》第112页给出的图片其实是小刺儿菜（*Cirsium segetum*），此次补上真正的（大）刺儿菜（*Cirsium setosum*）。

由于书中已随图片列有植物学名和中文名，物种描述从简，仅从《中国植物志》《北京植物志》《中国高等植物图鉴》等摘录了容易观察到的植物特征，细节可从如下网址查到：

http://frps.eflora.cn

这是极为重要的一个植物网站。初学者经常查询，辨识植物的能力便会增强。

初学者有了一定的基础后，遇到不认识的植物，不要轻易问别人，而要先到这个网站查询一番：合理猜测、对比、鉴定。

书中全部植物图片均是我自己拍摄的。李聪颖绘制了植物插图。中国科学院植物研究所林秦文、刘冰帮助鉴定了部分物种，熊姣、王钊帮助校对了文字，特此致谢。本书物种鉴定估计还有不准确的地方，一切错误由我个人负责。

刘华杰

2015年4月2日

朗润园万众楼

蒲公英

燕园
春夏秋冬

北京大学校园在2015年时包含燕园校区、医学部校区、昌平校区和深圳校区。本书所讨论的植物与《燕园草木》一样，只限于主校区燕园校区。以下“北京大学校园”字样如不特别说明，均指主校区。到达主校区最方便的办法是乘地铁4号线，在“北京大学东门站”下车。

燕园校区有五个部分：东有燕东园、中关园（包括中关新园）、成府园，西有承泽园、畅春园、畅春新园，北有朗润园、鸣鹤园、镜春园，中有未名湖区、勺园、静园、图书馆，南有燕南园、理教区、南门和五四运动场。

北大校园一年四季景色与植物各不相同，均可驻足欣赏。

在北京高校中，北京林业大学、清华大学和北京大学三个校园是师生欣赏植物的最好去处。

未名湖塔。北大校园风景以“一塌糊涂”（一塔一湖一图书馆）而著名，此一概括也足见校友的幽默与反讽气质。

春

山桃，蔷薇科。除了蜡梅、迎春花外，山桃最早点缀着校园的早春。静园四院中这株山桃因年老、树干被虫蛀而死去，但我用它结的果实繁育了其后代，如今四院有三株小树传承着它的基因。

荇菜，荇菜科。未名湖中的野生植物。夏日，常有绿头鸭带一群小鸭穿行其间。

夏

秋

卫矛，卫矛科。原位于生物楼东草地边，后移到静园草地南。它是幸运的，附近比它高大百倍的数株鹅掌楸大树，被活活挪死，另外一些植物，如桑、海棠花、大刺儿菜、加杨、新疆杨则被直接废掉。

槐，豆科。槐是校园中的“古老”物种并且数量颇多，生长缓慢。右侧是花神庙旧址。左侧土丘上有斯诺墓。附近有司徒雷登曾住过的临湖轩。

冬

燕园校区继承了古代园林的格局，有山有水。山不算高，水不算深，但有相当的野性，在北方的城市中，这样的校园确属罕见。未名湖和朗润湖是校园景色的两个焦点，既聚集普通的观光客，也吸引细心的博物学者。

本书说的是植物，那么燕园校区究竟有多少种植物？

就像问北京大学究竟有多少学生一样，很十年前、去年与今年，各不相

同，有的来了有的走了，来来往往是常态。即使具体到今年，校园中有多少种植物，也难以准确回答。不过，数量级还是可以相对准确估计的，应当在440-470种之间。校园还算漂亮，这里是识花认草的理想之地。在城市里修炼博物学，北京大学应当是一个不错的起点。

第一体育馆西侧的黄栌

雪后未名湖

植物图谱

叉子圆柏

Juniperus sabina，柏科。据FOC。

见于静园，校史馆北，博雅塔，东门地铁站。匍匐灌木，枝斜上伸。叶二型，刺叶少于鳞叶。球果熟前蓝绿色，熟时褐色，有白粉。

见于西门校友桥东路口，赛克勒雕塑园。常绿乔木，小枝下垂。刺叶，窄披针形。叶上面中脉绿色，中脉两侧各有一条较宽的白色气孔带；叶下面绿色，有光泽。球果近球形。

刺柏

Juniperus formosana，柏科。

见于未名湖西北。常绿乔木，植株通常烟筒状，侧枝短。叶三枚轮生，上面只有一条白色气孔带，无绿色中脉。球果卵球形，末端三裂。

Juniperus rigida，柏科。

杜松

见于十三公寓，燕园美食西北，畅春园，备斋东，中关新园。叶几乎全部为鳞叶，下部枝条偶有刺叶。枝有时扭转。球果密集生于上部枝条，有白粉。

龙柏

Juniperus chinensis 'Kaizuca'，柏科。

葱

Allium fistulosum，
百合科。

见于畅春园，燕东园。
鳞茎单生，圆柱状。伞
形花序球状。花白色。

见于承泽园。多年生草本。根状茎圆柱状，结节膨大。叶轮生。花序通常具2-4朵花，似成伞形状，俯垂。花被乳白色至淡黄，花被筒中部稍缢缩。

黄精

Polygonatum sibiricum，百合科。

见于畅春园，中关园。鳞茎簇生，近圆柱状。叶扁平，实心。花莛圆柱状，常具两纵棱。伞形花序半球状或近球状。

Allium tuberosum，百合科。**韭**

见于一教，临湖轩西。多年生草本。根常膨大成矩圆形、椭圆形或纺锤形的肉质小块根。叶长条形，具5条脉。总状花序，花葶长于叶。花淡紫色或淡蓝色。子房近球形。

山麦冬 *Liriope spicata*，百合科。

见于朗润园万众楼南土坡上，塞万提斯像东北小桥东南。1995年始见于校园。鳞茎近球状，周围常有小鳞茎。叶中空。伞形花序，间有珠芽。

薤白

Allium macrostemon，百合科。

见于中关园。鳞茎近球状。花葶粗壮。伞形花序球状，具多而密集的花；小花梗长约2.5厘米。花粉白色；花被片具绿色中脉，矩圆状卵形。

洋葱 *Allium cepa*，百合科。

见于人文学苑东北石缝中。叶三棱状条形，背面具呈龙骨状隆起的纵棱，中空，比花序短。花被片具红色中脉。

野韭

Allium ramosum，百合科。

玉竹

Polygonatum odoratum，百合科。

见于承泽园，畅春园。根状茎圆柱形，具节，有长须毛。茎下部直立，上部弯曲。叶互生，椭圆形至卵状矩圆形。花序具1-4花，花筒白色，裂片淡绿色。浆果蓝黑色。

见于西门南路边。多年生草本。叶卵状心形、卵形至卵圆形。花葶高60-100厘米，具10-30朵花。花盛开时从花被管膨胀为近漏斗状，紫红色。

紫萼

Hosta ventricosa，百合科。

车前 *Plantago asiatica*，车前科。

见于朗润园中国古代史研究中心西，承泽园，畅春园。具须根。叶两面均无毛。蒴果纺锤状卵形，于基部上方周裂，种子5-6粒。

见于中关新园。多年生直立草本，高14-40厘米，茎四棱形。叶边缘大多具浅锐牙齿。花单生于茎上部的叶腋内，偏向一侧。每节2朵花。花冠蓝紫色，二唇形。上唇盔状；下唇3裂，中裂片先端微缺。雄蕊4，内藏，前对较长。

并头黄芩

Scutellaria scordifolia，唇形科。

薄荷 *Mentha canadensis*，唇形科。据FOC。

见于电化教学楼西门口，生科院实验动物中心路口。多年生草本。茎直立，四棱形，上部被倒向微柔毛，下部仅沿棱上被微柔毛。轮伞花序腋生。花萼管状钟形，萼齿5。花冠淡紫。

见于中关园，承泽园。多年生草本。茎直立，四棱，上部被极短的细毛，下部无毛。茎上部分枝。叶心状卵形至长圆状披针形。轮伞花序多花，在主茎或侧枝上组成顶生密集的圆筒形穗状花序。

Agastache rugosa，唇形科。

藿香

见于办公楼南三角地花坛。多年生草本，具匍匐茎，逐节生根，四棱形，基部通常呈淡紫红色。叶草质，下部叶较小，心形或近肾形；上部叶较大，心形。轮伞花序，通常2花。花冠淡蓝、蓝至紫色，下唇具深色斑点。

活血丹

Glechoma longituba，唇形科。

见于图书馆北草坪，人文学苑3号楼北。一年生或二年生草本。茎直立，四棱，多分枝。叶椭圆状卵圆形或椭圆状披针形，基部圆形或楔形，边缘具圆齿，草质，上面被稀疏的微硬毛，下面被短疏柔毛。基生叶平展，较多、较大；茎生叶较小、稀疏。轮伞花序，在茎、枝顶端密集组成总状或总状圆锥花序。花萼钟形，散布黄褐色腺点，二唇形。花冠蓝紫至蓝色。

荔枝草 *Salvia plebeia*，唇形科。

见于承泽园，畅春园，中关园。原产欧洲。多年生草本。茎直立，四棱形，微具槽，紫红色，无毛或沿棱上疏生短刚毛。叶片披针形至卵状披针形，基部近圆形至浅心形，边缘具不等大的锐锯齿。轮伞花序在茎及分枝顶端集合成圆柱形先端锐尖的穗状花序。花散发着刺鼻的芳香味。极易繁殖。

辣薄荷

Mentha piperita，唇形科。

见于承泽园，朗润园。一年生草本，半木质化。茎直立，钝四棱形，上部微具槽，基部无毛，上部被倒向微柔毛，绿色，常染有红色，多分枝。叶卵圆形至卵圆状长圆形。叶两面近无毛，下面具腺点。总状花序顶生于茎、枝。花冠淡紫色。

Ocimum basilicum，唇形科。罗勒

紫苏

Perilla frutescens，唇形科。

见于中关园，承泽园。一年生草本。茎高0.3-2米，茎钝四棱形，叶绿色或紫色，密被长柔毛。叶阔卵形或圆形。小坚果近球形。

见于朗润湖。一年生沉水草本。植株黄绿色，质脆，易折断。分枝多，呈二叉状，常具稀疏锐尖的粗刺。叶近对生和3叶假轮生，无柄；叶片线状披针形，像双刃锯。花黄绿色，单生于叶腋。

大茨藻

Najas marina，茨藻科。

见于朗润湖。一年生沉水草本。植株纤细，易折断。茎圆柱形，光滑无齿。分枝多，呈二叉状；上部叶呈3叶假轮生，下部叶近对生，于枝端较密集，无柄；叶片线形。

小茨藻

Najas minor，茨藻科。

紫叶酢浆草

Oxalis triangularis，酢浆草科。

见于物理学院，微电子楼。叶基生，指状复叶，3小叶宽大，紫红色。伞形花序。花瓣5，淡紫色至粉红色。

见于电教东的摆花。半灌木，略有分枝。茎近方形，有条纹。叶膜质。聚伞花序腋生或顶生。花冠红色，高脚碟状。

长春花 *Catharanthus roseus*，大戟科。

见于承泽园。直立小灌木。茎上部和小枝条具棱。叶片膜质至薄纸质，卵形、近圆形、椭圆形或披针形。花较小，单生或2-4朵簇生于叶腋；萼片、花瓣和雄蕊均为5。蒴果圆球形或扁球形，有宿存的萼片。

雀儿舌头 *Leptopus chinensis*，大戟科。

《北京植物志》中称地锦草。见于人文学苑1号楼南路边。一年生草本。茎匍匐，自基部以上多分枝，茎红色或淡红色。叶对生，矩圆形或椭圆形。叶面绿色，叶背淡绿色，有时淡红色，两面被疏柔毛；叶柄极短。蒴果三棱状卵球形。

Euphorbia humifusa，大戟科。

地锦

见于俄文楼前，未名湖北。一年生草本。全株被短柔毛和散生的毛。叶膜质，卵形、阔卵形或菱状卵形。叶柄细长。花序梗几无。雌花苞片3-5枚，掌状深裂，裂片长圆形；雄花密生于花序上部，呈头状或短穗状，苞片卵形。蒴果。

裂苞铁苋菜

Acalypha supera，大戟科。据FOC。

苔藓植物。见于静园五院草地阴处。叶状体扁平，宽带状，多回二歧分叉，边缘波曲状。背面具六角形气室分隔。每室中央有1气孔。雌雄异株。雄托圆盘状，精子器生于托的背面。雌托扁平，深裂成多个指状瓣，孢蒴着生于托的腹面。

地钱 *Marchantia polymorpha*，地钱科。

见于承泽园。2010年始见于校园。常绿灌木。叶片厚革质，二型，四角状长圆形或卵形。叶中央刺齿常反曲，基部圆形或近截形。

Ilex cornuta，冬青科。**枸骨**

也称眉豆。见于燕南园，中关园。一年生缠绕藤本，茎右手性。花冠白色或紫色。荚果长圆状镰形，扁平，顶端有弯曲的尖喙。

扁豆

Lablab purpureus，豆科。

见于环境风洞，燕东园车辆管理科大院，朗润园，生物技术系楼后，畅春园，中关园。一年生缠绕藤本，茎右手性。荚果带形，膨胀。

Phaseolus vulgaris，豆科。菜豆

见于塞万提斯像南草地，红五楼北。多年生草本，密被白色伏贴毛。根状茎木质化；地上茎不明显。羽状复叶有7-15片小叶。花冠淡黄色或白色。

糙叶黄耆

Astragalus scaberrimus，豆科。

见于畅春园，燕东园。一年生草本。茎粗壮，直立，密被褐色长硬毛。叶具3小叶。荚果肥大，长圆形。种子椭圆形、近球形，种脐明显。

大豆 *Glycine max*，豆科。

见于静园四院，嫁接于紫藤（*Wisteria sinensis*）上。茎左手性（《中国植物志》说“茎右旋”是因为该书没有明确定义左与右。按物理学、化学中手性定义，应当是“茎左旋”，即左手性）。小叶6-9对，长1.5-2厘米。花淡紫色至蓝紫色。

多花紫藤 *Wisteria floribunda*，豆科。

见于塞万提斯像南草地。亚灌木状草本。茎伏地生长，散生钩刺。托叶披针形，有刚毛。羽片和小叶触之或滴上水会立即闭合而下垂。头状花序圆球形。

含羞草

Mimosa pudica，豆科。

见于35楼。落叶乔木。二回羽状复叶，总叶柄近基部及最顶一对羽片着生处各有1枚腺体。羽状复叶，羽片4-20对。头状花序于枝顶排成圆锥花序；花粉红色。花丝长2.5厘米左右。荚果带状，扁平。

合欢

Albizia julibrissin，豆科。

见于畅春园，中关园。一年生缠绕草质藤本。茎近无毛。羽状复叶具3小叶；托叶披针形。总状花序腋生，具长梗。荚果下垂，线形，长7.5-80厘米，稍肉质而膨胀。

Vigna unguiculata，豆科。**豇豆**

Senna tora，豆科。据FOC。决明

见于承泽园，镜春路东口，中关园，中关村技物楼。一年生亚灌木状草本。叶长4-8厘米；叶轴上每对小叶间有棒状的腺体1枚；小叶3对，膜质。花瓣黄色，下面二片略长。花丝短于花药；子房被白色柔毛。荚果纤细，近四棱形。种子菱形，称决明子。

也称矮秧四季豆。见于燕东园车辆管理科大院，环境风洞。一年生近直立草本，植株高约40厘米。羽状复叶具3小叶。总状花序比叶短，数朵花生于花序顶部。

龙牙豆

Phaseolus vulgaris var. *humilis*，豆科。

落花生

Arachis hypogaea，豆科。

见于畅春园，承泽园。一年生草本。根部有根瘤；茎近直立，长30-60厘米，茎和分枝均有棱，被黄色长柔毛。叶通常具小叶2对；叶柄基部抱茎。花冠黄色或金黄色。荚果长2-5厘米，膨胀。

见于中关村技物楼。一年生直立草本，植株高约50厘米。茎被褐色长硬毛。羽状复叶具3小叶。总状花序腋生。荚果线状圆柱形，平展，被淡褐色、散生的长硬毛。种子8-14颗，淡绿色或黄褐色，短圆柱形。

绿豆 *Vigna radiata*，豆科。

少花米口袋

Gueldenstaedtia verna，
豆科。据FOC。

见于塞万提斯像南草地，红五楼北。多年生草本，地上茎极短。奇数羽状复叶，小叶7-19片。叶长2-20厘米；托叶三角形，基部合生；叶柄具沟，被白色疏柔毛。花冠红紫色。

见于西门桥边草地。一年或多年生草本，高15-60厘米，全株被柔毛或有腺毛。茎平卧或上升，多分枝。羽状三出复叶。花冠黄色，旗瓣近圆形，顶端微凹。

天蓝苜蓿 *Medicago lupulina*，豆科。

五叶槐

Sophora japonica var. *japonica* f. *oligophylla*，豆科。

见于塞万提斯像西南。乔木。复叶只有小叶1-2对，集生于叶轴，先端成为掌状，或仅为规则的掌状分裂，下面常疏被长柔毛。

见于静园草坪南，后被移走。落叶乔木。花序下垂，花红紫色，其他方面类似于刺槐。根蘖繁殖能力极强。幼苗刺较多。花的颜色明显区别于刺槐（*Robinia pseudoacacia*，花为白色。也称洋槐）。嫩茎叶上无毛刺，易区别于毛刺槐（*Robinia hispida*，也称毛洋槐）。有研究认为香花槐就是上述两个种的杂交种。毛刺槐、香花槐、红花刺槐（*Robinia pseudoacacia* f. *decaisneana*）、刺槐四者中，可分为两组，前两者为一组，后两者为一组。也就是说，香花槐与毛刺槐亲缘关系更近一些。

香花槐 *Robinia* × *ambigua* 'Idahoensis'，豆科。

兴安胡枝子

Lespedeza daurica，豆科。

见于静园草坪东北部五院西侧，朗润园东北角闸口路灯柱下。小灌木，高约1米。茎斜升，常簇生；老枝黄褐色或赤褐色，被短柔毛或无毛，幼枝绿褐色，有细棱，被白色短柔毛。羽状复叶具3小叶。总状花序腋生。花冠白色或黄白色，旗瓣稍带紫色。闭锁花生于叶腋。

野皂荚

Gleditsia microphylla，豆科。

见于南北阁西水渠边。灌木或小乔木。枝灰白色至浅棕色。刺不粗壮。一回或二回羽状复叶。花杂性，绿白色，簇生，组成穗状花序或顶生的圆锥花序。荚果扁薄，先端有纤细的短喙。

见于畅春园。多年生草本，高30-100厘米。根粗壮。茎细弱近直立，四棱形，无毛或微被柔毛。羽状三出复叶。花序总状或头状。花冠各色：淡黄、深蓝至暗紫色。荚果螺旋状。

紫苜蓿 *Medicago sativa*，豆科。

见于燕东园车辆管理科大院。落叶灌木，丛生。小枝灰褐色，被疏毛，后变无毛，嫩枝密被短柔毛。一年生枝条不分叉。叶互生，奇数羽状复叶，长10-15厘米，有小叶11-25片。穗状花序。旗瓣心形，紫色。荚果下垂，表面有凸起的疣状腺。

紫穗槐

Amorpha fruticosa，豆科。

心叶日中花

Mesembryanthemum cordifolium，番杏科。

见于畅春园，中关园。多年生常绿草本。茎斜卧，有分枝，稍肉质，无毛。叶对生，叶片心状卵形，扁平，全缘，肉质。花外形似菊花（但不同），红紫色。蒴果肉质。

木防己

Cocculus orbiculatus，
防己科。

木质藤本，叶近革质，卵状心形。新近来到校园。见于36楼北草地边，蔡元培像前的三裂绣线菊中，教育基金会东。2014年始见于校园。也几乎同时见于清华大学逸夫馆东。茎右手性；小枝被绒毛。叶片纸质至近革质，形状变异较大，阔卵状近圆形、卵状心形，两面被密柔毛至疏柔毛。聚伞花序少花。核果近球形。

见于中关园501楼中央花园。一年生草本。茎粗壮，肉质，直立，下部节常膨大。叶互生，最下部叶有时对生。花单生或2-3朵簇生于叶腋，白色、粉红色或紫色。子房纺锤形，密被柔毛。蒴果宽纺锤形，成熟后果皮爆裂弹射出种子。

凤仙花 *Impatiens balsamina*，凤仙花科。

有多条根。见于红湖，朗润湖。水生漂浮植物。叶状体扁平，阔倒卵形，先端钝圆，上面绿色，背面紫色，具掌状脉。根多数，根长3-5厘米，白绿色。

Spirodela polyrrhiza，浮萍科。**紫萍**

见于电教，畅春园。原产于南美洲。一年生肉质草本，蔓生。叶互生，叶片圆形盾状，形似小荷叶。花黄色、紫色、橘红色或杂色，花瓣5，通常圆形，边缘有缺刻，上部2片通常全缘，下部3片基部狭窄成爪。

旱金莲

Tropaeolum majus，旱金莲科。

见于过街桥下，燕南园51号楼南，图书馆东南路边，静园二院东草坪上。多年生草本，具粗壮的长根状茎。秆直立，节无毛。叶鞘聚集于秆基；叶舌膜质。圆锥花序。雄蕊2枚，土黄色；花丝白色，细长。柱头2，紫黑色，羽状。

Imperata cylindrica，禾本科。**白茅**

见于朗润园中国书法研究院南。一年生草本。秆高50-130厘米，秆与叶鞘无毛。叶片扁平，线形，无毛，边缘粗糙，中脉宽而白。圆锥花序直立，近尖塔形。外稃具粗壮的短芒。花序疏松。

稗 *Echinochloa crusgalli*，禾本科。

长芒稗

Echinochloa caudata，禾本科。

见于朗润园。一年生水生草本。叶鞘无毛或常有疣基毛；叶舌缺；叶片线形，长10-40厘米，宽1-2厘米，边缘粗糙。圆锥花序稍下垂。芒常呈红色。

长芒草 *Stipa bungeana*，禾本科。

见于未名湖东北角的三角地上。多年生草本。秆丛生，基部膝曲。叶鞘光滑无毛或边缘具纤毛。圆锥花序为顶生叶鞘所包，成熟后渐抽出，长约20厘米，每节有2-4细弱分枝小穗灰绿色或紫色。芒两回膝曲扭转，有光泽，边缘微粗糙，第一芒柱长1-1.5厘米，第二芒柱长1厘米，芒针长3-5厘米。

见于未名湖石舫边及湖岛的东北，畅春园。多年生草本，具发达被鳞片的长匍匐根状茎，节处生有粗根与幼芽。秆直立，高1-1.5米。叶片扁平，宽线形，除上面基部密生柔毛两面无毛外，边缘锯齿状粗糙，基部常收缩成柄，中脉白色，粗壮。圆锥花序疏展成伞房状。

荻

Miscanthus sacchariflorus，禾本科。据FOC。

见于38楼，图书馆南，备斋东，力学大院，中关新园，中关村技物楼。多年生草本。秆直立或基部倾斜。叶鞘外侧边缘常具纤毛；叶片扁平。穗状花序长7-20厘米，弯曲或下垂；小穗绿色或带紫色。

鹅观草

Elymus kamoji，禾本科。学名据FOC。FOC中称其为柯孟披碱草。

Leersia japonica，禾本科。假稻

见于镜春园北湖中，朗润湖。多年生草本。横走茎长1-4米，伏卧地面或水面，节生多分枝的须根。节处向上生长的茎高60-80厘米，节密生倒毛。叶鞘短于节间。圆锥花序长9-12厘米，分枝平滑，直立或斜升，有角棱，稍压扁；小穗长5-6毫米，带紫色。

见于静园，中关园。一年生草本。秆下部倾斜，膝曲上升。叶鞘短于节间，无毛或散生疣基柔毛。总状花序长5-18厘米，4-12枚呈指状着生于长1-2厘米的主轴上；穗轴直伸或开展，两侧具宽翼，边缘粗糙；小穗椭圆状披针形。

马唐

Digitaria sanguinalis，禾本科。

见于未名湖东北角岸边。多年生草本，有长而横走的根茎。秆直立部分可高达120厘米，一侧有槽。叶鞘边缘膜质，鞘口具纤毛；叶舌膜质，白色，上缘撕裂状；叶片线形，长15-20厘米，宽4-6毫米，两面无毛。总状花序单生或簇生，长6-10厘米。无柄小穗卵状披针形，贴生于总状花序轴凹穴中，但其先端游离。

Hemarthria altissima，禾本科。

牛鞭草

见于静园，中关园，朗润园。一年生草本。根系发达。秆丛生，基部倾斜。叶鞘两侧压扁而具脊，松弛。穗状花序2–7个指状着生于秆顶。

牛筋草 *Eleusine indica*，禾本科。

普通小麦

Triticum aestivum，禾本科。

见于畅春园，静春园中国书法研究院前。一年生草本。秆直立，丛生，具6-7节。叶鞘松弛包茎。穗状花序直立。

见于新校医院西南角草地，《北京植物志》第1182页就曾记载见于北京大学校园。一年生草本。秆直立。叶鞘闭合，被柔毛；叶舌先端近圆形；叶片两面生柔毛。圆锥花序疏展，长20-30厘米，宽5-10厘米，具2-8分枝，向下弯垂；分枝细，长5-10厘米，上部着生1-4枚小穗；小穗黄绿色，密生7-11小花。

雀麦 *Bromus japonicus*，禾本科。

见于承泽园，考古文博学院，塞克勒博物馆东，畅春园。多年生。竿高1米左右。小枝具2-4叶；叶鞘紧密抱竿，有纵肋，背面无毛或被微毛；叶片稍下弯，宽披针形或长圆状披针形，长20-46厘米，宽4-10.8厘米。

箬竹

Indocalamus tessellatus，禾本科。

见于新校医院西南角草地。多年生草本，丛生。植株较粗壮，秆直立，平滑无毛，高80-100厘米。叶鞘通常平滑无毛。叶片扁平，边缘内卷，上面粗糙。圆锥花序疏松开展，长20-30厘米。

苇状羊茅 *Festuca arundinacea*，禾本科。

纤毛鹅观草

Elymus ciliaris，禾本科。学名据FOC。FOC称纤毛披碱草。

见于光华楼东北角，静园草地东北角，承泽园，加速器楼，环境风洞，中关村技物楼。多年生草本。秆单生或成疏丛，直立，基部节常膝曲，高40-80厘米，平滑无毛，常被白粉。叶鞘无毛。穗状花序直立或微下垂。

见于未名湖东北。多年生草本，具下伸或横走根茎。秆散生，直立，高40-90厘米，具4-5节。叶鞘光滑，基部残留叶鞘呈纤维状，枯黄色；叶舌截平，顶具裂齿，纸质。穗状花序直立，长7-15厘米，宽10-15毫米；穗轴边缘具细小睫毛。小穗轴节间光滑。

Leymus chinensis，禾本科。羊草

见于静园草坪，图书馆东。多年生低矮草本。具匍匐茎。植株纤细，高5-25厘米。叶鞘疏生柔毛；叶舌短小，具细柔毛；叶片线形，粗糙，两面疏生白柔毛。雄花序有2-3枚总状排列的穗状花序，草黄色；雌花序常呈头状。

Buchloe dactyloides，禾本科。

野牛草

见于中关园。一年生高大草本。秆直立，不分枝，基部各节具气生支柱根。叶鞘具横脉；叶舌膜质；叶片扁平宽大，线状披针形，基部圆形呈耳状。顶生雄性圆锥花序大型。雌花序位于茎中部，被多数宽大的鞘状苞片所包藏。雌蕊具极长而细弱的线形花柱。

玉蜀黍

Zea mays，禾本科。常称玉米。

见于中关园，畅春园，燕南美食餐厅东墙。一年生攀援草本；茎、枝具沟纹，被黏质长柔毛。叶柄纤细，长16-20厘米；叶片卵状心形或肾状卵形，长、宽均10-35厘米，两面均被微柔毛。卷须纤细。雌雄同株，雌、雄花均单生。

Lagenaria siceraria，葫芦科。

葫芦

黄瓜

Cucumis sativus，
葫芦科。

见于中关园，畅春园。一年生蔓生或攀援草本；茎、枝伸长，有棱沟，被白色的糙硬毛。卷须细，不分歧，具白色柔毛。叶柄稍粗糙，有糙硬毛。雌雄同株。雄花常数朵在叶腋簇生，花梗纤细；雌花单生或稀簇生，花梗粗壮，被柔毛。

见于畅春园，中关园。一年生攀援状柔弱草本，多分枝；茎、枝被柔毛。卷须纤细，具微柔毛。叶片密被明显的微柔毛，5-7深裂。雌雄同株。果实纺锤形或圆柱形，多瘤皱，长10-20厘米，成熟后橙黄色。

苦瓜 *Momordica charantia*，葫芦科。

见于中关园，畅春园，朗润湖北岸。一年生蔓生草本。茎常节部生根，密被白色短刚毛。叶柄粗壮，被短刚毛；叶片宽卵形或卵圆形。雌雄同株。雄花和雌花均单生。瓠果形状多样。

Cucurbita moschata，葫芦科。南瓜

见于燕南园，畅春园，中关园。一年生攀援藤本。茎、枝粗糙，有棱沟，被微柔毛。卷须稍粗壮。叶柄粗糙。叶片三角形或近圆形，通常掌状5-7裂，裂片三角形，中间的较长。雌雄同株。雄花生于总状花序上部，花序梗稍粗壮，花萼筒宽钟形。

Luffa cylindrica，葫芦科。丝瓜

见于畅春园，中关园。一年生蔓生草本，茎一般不超过50厘米；茎有棱沟，有短刚毛和半透明的糙毛。叶柄粗壮，被短刚毛；叶片质硬，三角形或卵状三角形，先端锐尖，边缘有不规则的锐齿。雌雄同株。

Cucurbita pepo，葫芦科。西葫芦

见于静园六院东南，21楼南。大乔木，高达30米。幼树树皮平滑，浅灰色，老时则深纵裂。叶多为偶数或稀奇数羽状复叶，叶轴具翅至翅不甚发达，与叶柄一样被有疏或密的短毛。雌性葇荑花序顶生，长10-15厘米。果实长椭圆形，长6-7毫米，基部常有宿存的星芒状毛；果翅狭，条形或阔条形。

枫杨 *Pterocarya stenoptera*，胡桃科。

见于人文学苑1号楼南路边，逸夫二楼东北路边，金光生命科学楼西南。一年生草本。茎平卧，无毛，被长柔毛或长硬毛，枝长20-60厘米，偶数羽状复叶。花腋生，黄色；萼片5，宿存；花瓣5；雄蕊10。果呈现为分果，瓣5，有锐刺。

蒺藜

Tribulus terrester，蒺藜科。

见于朗润湖。多年生沉水草本。茎长40-150厘米，平滑，具分枝。叶4-12轮生。坚果宽椭圆形。

金鱼藻 *Ceratophyllum demersum*，金鱼藻科。

见于畅春园。二年生直立草本，分枝多，疏被粗毛。叶圆心形或肾形，具5-7圆齿状钝裂片。花3-11朵簇生。萼裂片5，宽三角形，两面均被星状疏柔毛；花紫红色或白色，花瓣5，匙形，先端微缺。果扁圆形。

锦葵 *Malva cathayensis*，据FOC。锦葵科。

见于生科院西南，理教北路边，中关园。一年生亚灌木状草本，高达1-2米，茎枝被柔毛。叶互生，基部心形，边缘具细圆锯齿，两面均密被星状柔毛。花单生于叶腋，黄色。蒴果半球形，直径约2厘米。分果爿15-20。种子肾形。

苘麻

Abutilon theophrasti，锦葵科。

见于科维理楼前，畅春园，静园。多年生草本。块根胡萝卜状，肉质。茎直立，上部分枝。叶对生，少有互生或3叶轮生。伞房状花序顶生。花瓣5，白色或粉红色。

八宝

Hylotelephium erythrostictum，景天科。

艾 *Artemisia argyi*，菊科。

见于承泽园，中关园。多年生草本。主根明显，地下根状茎横卧。茎单生或少数，高80-150厘米，有明显纵棱，褐色或灰黄褐色，基部稍木质化；茎、枝均被灰色蛛丝状柔毛。叶厚纸质，上面被灰白色短柔毛，并有白色腺点与小凹点，背面密被灰白色蛛丝状密绒毛。上部叶与苞片叶羽状半裂、浅裂或不分裂。花后头状花序下倾。植株有浓烈香气。著名草药。

也称曲麻菜，苣荬菜。见于畅春园，中关园，中关新园。多年生草本。具长匍匐茎，地下横走。茎直立，下部常紫红色，不分枝，基本生叶广披针形或长圆状披针形，灰绿色。茎生叶无柄，基部耳状抱茎。头状花序，在茎顶成伞房状。总苞3-4层。花黄色。《中国植物志》中描述为一年生，不当。

长裂苦苣菜 *Sonchus brachyotus*，菊科。

见于承泽园。多年生草本。根状茎平卧，疙瘩状，生多数等粗等长或近等长的不定根。茎直立，簇生，下部或中部以下常紫红色，下部不分枝。全部茎枝被稀疏的蛛丝状毛。基部叶花期脱落；中下部茎叶羽状深裂或半裂。中部以上茎叶不分裂，有三角形刺齿或刺齿状浅裂。头状花序单生茎枝顶端。

苍术

Atractylodes lancea，菊科。

见于承泽园，生科院实验动物中心，文史楼东草地，燕东园动力中心东马路边，环境风洞实验楼，湍流与复杂系统实验室，中关新园。多年生草本。具细长的匍匐根状茎。株高90-150厘米。茎直立，具纵沟棱，下部不分枝。叶互生，全缘或齿裂、羽状浅裂，齿端有刺，两面被蛛丝状毛。雌雄异株。头状花序，成伞房状。以植株相对较高、茎纵棱明显而明显区别于（小）刺儿菜（*Cirsium segetum*）。《中国植物志》将两种蓟属植物合并，不当。

Cirsium setosum，菊科。大刺儿菜

见于畅春园，燕东园，中关园。一年或二年生草本。主根单一，垂直。茎单生，直立，高60-200厘米，粗壮，下部稍木质化，基部直径可达2厘米，纵棱明显。茎、枝被灰白色微柔毛。下部与中部叶宽卵形或宽卵圆形，两面被微柔毛，2-3回羽状全裂或深裂。头状花序大，多数，半球形或近球形。

大籽蒿 *Artemisia sieversiana*，菊科。

见于朗润园。多年生草本，高150厘米。茎上部分枝。叶互生。下部叶具叶柄，不分裂或羽状5-7深裂，裂片长圆状披针形，顶端尖，边缘具不等的疏锯齿或浅裂；中部叶3-5深裂，上部叶不分裂。总苞半球形；总苞片2层。舌状花金黄色；管状花黄色或黄绿色。重瓣。

重瓣金光菊 *Rudbeckia laciniata* var. *hortensis*，菊科。

大丁草 *Gerbera anandria*，菊科。

见于承泽园。多年生草本。根状茎短，根颈多少为枯残的叶柄所围裹；根簇生，粗而略带肉质。叶基生，莲座状，于花期全部发育，叶片形状多变异，通常为倒披针形或倒卵状长圆形，基部渐狭、钝、截平或有时为浅心形，边缘具齿、深波状或琴状羽裂。叶柄被白色绵毛。花葶单生或数个丛生，直立，被蛛丝状毛。总苞片淡紫红色。具春秋两型，校园中只有春型。

见于图书馆前花坛，畅春园，中关村技物楼。多年生草本，有巨大棒状块根，像红薯，因而也称“地瓜花”。茎直立，多分枝，粗壮。叶1-3回羽状全裂，上部叶有时不分裂。头状花序较大，花颜色多样。

Dahlia pinnata，菊科。**大丽花**

见于一教南，档案馆墙根，勺园大楼。一年生草本，高70-120厘米。茎直立，单生或少数茎成簇生，顶端伞房花序状分枝或下部有长分枝，下部被稀疏的皱波状长或短毛。基生叶丛生，倒披针形、椭圆形、长椭圆形或宽线形，大头羽状深裂或全裂。茎叶极少或无。舌状小花黄色，花冠管外面有短柔毛。

黄鹌菜

Youngia japonica，菊科。

见于图书馆前花坛，办公楼西花坛，中关园。原产于欧洲。一年生草本，高20-70厘米，通常自茎基部分枝，绿色或多少被腺状柔毛。基生叶长圆状倒卵形或匙形，长15-20厘米，全缘或具疏细齿，具柄，茎生叶长圆状披针形或长圆状倒卵形，无柄。头状花序单生茎枝端。花黄色、橙黄色或红色。

金盏花 *Calendula officinalis*，菊科。

见于中关园。多年生草本，高60-150厘米。茎直立，分枝或不分枝，被柔毛。叶卵形至披针形，长5-15厘米，羽状浅裂或半裂，有短柄，叶下面被白色短柔毛。头状花序直径2.5-20厘米。总苞片多层，外层外面被柔毛。舌状花颜色多样。管状花黄色。

菊花 *Chrysanthemum morifolium*，菊科。据FOC。

见于朗润园11公寓，北京国际数学研究中心北，畅春园，中关园，中关村技物楼。多年生草本，高1-3米，有外形似姜的块状地下茎。茎直立，下部不分枝，被白色短糙毛或刚毛。叶对生或互生；下部叶卵圆形或卵状椭圆形，有长柄。花黄色。原产北美，也称洋姜或鬼子姜。极易成活。地下块茎可腌咸菜、炒食。

菊芋 *Helianthus tuberosus*，菊科。

见于哲学楼东南角花坛。一年生草本，高30-80厘米，茎直立。叶羽状分裂，边缘有锯齿。舌状花金黄色或橙色，带有红色斑。原产墨西哥。

Tagetes patula，菊科。

孔雀草

见于人文学苑，畅春园，中关园。一年生或二年生草本。根圆锥状，垂直直伸。茎直立，单生，中空，有纵条棱或条纹，不分枝或上部有短的伞房花序状或总状花序式分枝。基生叶羽状深裂；中下部茎叶羽状深裂或大头状羽状深裂，基部半抱茎。头状花序少数在茎枝顶端排成紧密的伞房花序或总状花序或单生茎枝顶端。舌状小花多数，黄色。

苦苣菜 *Sonchus oleraceus*，菊科。

见于四院与五院之间，承泽园，中关新园。多年生草本。植株具清香气味。主根不明显，具多数侧根与纤维状须根。茎直立，粗壮，高60-150厘米，初时绿褐色，无毛。叶纸质或薄纸质，上面绿色，无毛或近无毛，背面密被灰白色蛛丝状平贴的绵毛。

蒌蒿 *Artemisia selengensis*，菊科。

见于人文学苑，加速器楼，车辆管理科。多年生草本。根状茎短，半木质化。茎少数或单生，高40-120厘米，具明显纵棱。茎、枝初时密被灰白色蛛丝状柔毛，后稍稀疏。叶纸质或薄纸质，上面绿色，初时被蛛丝状柔毛。下部叶卵形或宽卵形，二回羽状全裂或深裂。叶基部常有小型的假托叶；上部叶与苞片叶卵形或长卵形，羽状全裂或5或3全裂。

蒙古蒿 *Artemisia mongolica*，菊科。

见于承泽园。二年生草本，具粗大的肉质直根，长25-80厘米，直径可达2厘米，有分枝支根。茎直立，高达2米，粗壮。全部茎枝被稀疏的乳突状短毛及长蛛丝毛并混杂以棕黄色的小腺点。基生叶宽卵形，边缘有稀疏的浅波状凹齿或齿尖，基部心形，叶柄长20-35厘米。叶上面绿色；下面灰白色或淡绿色，被薄绒毛。伞房花序或圆锥状伞房花序。总苞卵形或卵球形。小花紫红色。

牛蒡 *Arctium lappa*，菊科。

见于中关新园，文史楼西花坛。多年生草本。株高30-100厘米，全株无毛。茎直立，多分枝，紫红色。基生叶花时枯萎，边缘波状齿裂或羽状分裂，叶基部和中脉通常紫红色。茎生叶倒长卵形，基部渐狭，成耳状抱茎；叶上面绿色，下面灰绿色，有白粉。头状花，多数，在枝端成伞房状，密集。花黄色。此处依《北京植物志》。

秋苦荬

Ixeris denticulata，菊科。

见于承泽园。多年生草本，高15-60厘米。茎直立，有细条棱或条纹，上部有圆锥状花序分枝，全部茎枝光滑无毛。中下部茎叶长椭圆形或线状长椭圆形或线形，羽状浅裂或半裂或边缘有多数或少数大锯齿。头状花序约含20枚小花，多数，在茎枝顶端有狭或宽圆锥花序。舌状小花紫色或紫蓝色。

乳苣

Mulgedium tataricum，菊科。

山莴苣

Pterocypsela indica，菊科。

见于考古文博学院东，力学大院，中关园。《中国植物志》称翅果菊，不当。二年生草本。根肉质，像胡萝卜。株高100-150厘米，无毛，偶有斑纹。茎上部分枝。叶羽状全裂或深裂，基部戟形半抱茎。头状花序，排列成圆锥状。舌状花淡黄色。

见于燕南园。一年生或二年生草本。全部茎枝灰白色，被薄蛛丝状卷毛。基生叶及下部茎叶长椭圆状倒披针形或披针形，不分裂，边缘全缘无锯齿或边缘疏锯齿至大头羽状分裂。头状花序多数或少数在茎枝顶端排成伞房花序或圆锥花序。边花蓝色、白色、红色或紫色，盘花浅蓝色或红色。

Centaurea cyanus，菊科。矢车菊

Helianthus annuus，菊科。向日葵

见于车辆管理科大院，朗润园，中关园。一年生高大草本。茎直立，高1-3米，粗壮，被白色粗硬毛，不分枝或有时上部分枝。叶互生，心状卵圆形或卵圆形，顶端急尖或渐尖，有三基出脉，边缘有粗锯齿，两面被短糙毛，有长柄。头状花序极大。舌状花多数，黄色、舌片开展，不结实。管状花极多数，棕色或紫色，有披针形裂片，结果实。

见于宿舍区墙根，治贝子园，勺园西，校医院，艺园餐厅南，中关园，中关村技物楼，化学学院101大教室院。一年生或二年生草本。茎直立，高20-70厘米，中部以上常分枝，密被贴短毛。叶密集，基部叶花期常枯萎。头状花序多数，径8-10毫米，在茎端排列成总状或总状圆锥花序。原产于南美洲。广泛入侵到全国各地。

香丝草 *Conyza bonariensis*，菊科。

见于人文学苑，畅春园，中关新园。一年生草本。茎直立，高50-100厘米，圆柱状，多少具棱，有条纹，被疏长硬毛，上部多分枝。叶密集，基部叶花期常枯萎，下部叶倒披针形。头状花序多数，排列成顶生多分枝的大圆锥花序。

Conyza canadensis，菊科。

小蓬草

见于中关新园。原产于欧洲。一年生草本。茎直立，粗壮，不分枝或少有分枝，下部圆柱形，上部有纵沟，被灰白色糙伏毛。叶三角状卵形或心形。雄性的头状花序球形。果实外具钩状总苞刺。

意大利苍耳

Xanthium italicum，菊科。

见于图书馆南部和北部。一年生或二年生草本，茎粗壮，高30-100厘米，下部被开展的长硬毛，上部被较密的上弯的短硬毛。基部叶花期枯萎。头状花序数个或多数，排列成疏圆锥花序。花白色、淡黄色。原产北美洲。

Erigeron annuus，菊科。

一年蓬

见于朗润园12公寓，畅春园，中关园。二年生或多年生半灌木状草本，植株有浓烈的香气。主根明显木质，垂直或斜向下伸长；根茎直径5-8毫米，直立，常有细的营养枝。茎单生或少数，高40-120厘米，红褐色或褐色，有不明显的纵棱，基部木质，上部分枝多，向上斜伸展；茎、枝初时密生灰白色或灰黄色绢质柔毛，后渐稀疏或脱落无毛。基生叶密集着生，常成莲座状。

茵陈蒿 *Artemisia capillaris*，菊科。

见于鸣鹤园，物理学院，力学大院，畅春园。一年生草本。茎直立，圆柱状，淡绿色或带紫红色，有多数条棱，稍有短柔毛或下部几无毛；分枝稀疏。叶披针形或条状披针形。花通常1-3个生于上部叶腋，构成疏穗状圆锥状花序。

Kochia scoparia，藜科。**地肤**

见于物理学院。一年生草本。茎平卧或外倾，具条棱及绿色或紫红色条纹。叶片矩圆状卵形至披针形，肥厚，先端急尖或钝，基部渐狭，边缘具缺刻状牙齿，上面无粉，平滑，下面有粉而呈灰白色，稍带紫红色；中脉明显，黄绿色。

Chenopodium glaucum，藜科。**灰绿藜**

见于人文学苑2号楼东。一年生草本，高30-100厘米；茎自基部分枝，枝互生，通常有紫红色条纹。叶片丝状圆柱形。苞片卵形，顶部延伸，有刺状尖。花被5，膜质透明。雄蕊超出花被。胞果倒卵形。

猪毛菜

Salsola collina，藜科。

见于朗润园，朗润湖。一年生草本。茎直立，高30-70厘米，自基部分枝，枝斜上，具浅沟槽。茎下部叶长圆形或长椭圆形，茎生叶较小。花序总状，顶生和腋生，具叶，由数个再组成圆锥状花序。果实边缘有刺状齿，齿长1.5-2毫米，瘦果卵形，具3锐棱。

Rumex dentatus，蓼科。

齿果酸模

见于朗润湖南小桥边。也叫斑蓼。一年生草本。茎直立，节部膨大。叶上面绿色，常有一个大的黑褐色新月形斑块。总状花序呈穗状，顶生或腋生。

酸模叶蓼

Polygonum lapathifolium，蓼科。

见于中关园，力学大院。多年生缠绕草本。全株被短柔毛。叶对生，薄纸质，宽三角状心形，顶端锐尖，基部心形，叶面深绿色，叶背苍白色，两面均被短柔毛，脉上较密。伞形聚伞花序腋生。萼片黄绿色，花冠白色。

鹅绒藤 *Cynanchum chinense*，萝藦科。

见于南阁东树篱下，静园南草地。直立草本或半灌木。茎柔弱，分枝较少，茎端通常伸长而缠绕。叶对生或近对生，线形，叶背中脉隆起。伞形聚伞花序腋生；花萼外面被柔毛；花冠绿白色；副花冠杯状，裂片三角状披针形。蓇葖纺锤形，中部膨大，长5-6厘米。

雀瓢

Cynanchum thesioides var. *australe*，萝藦科。

Basella alba，落葵科。

落葵

也称木耳菜。见于中关园。一年生缠绕草本。茎长可达数米，无毛，肉质。叶片卵形或近圆形，全缘。穗状花序腋生。果实球形，红色至深红色或黑色。

见于承泽园科学与社会研究中心。灌木，高120厘米；花序轴、叶柄密被褐色、黄褐色或紫色脱落性的柔毛；小枝近圆形，皮孔显著。叶片纸质，揉搓后有异味。叶宽卵形或卵形，顶端尖或渐尖，基部宽楔形、截形或心形，边缘具粗或细锯齿，背面疏生短柔毛和散生腺点。伞房状聚伞花序顶生，密集。花冠紫红色。随移栽箬竹而不请自来。起初只有一株，几年后串根繁殖出一大片。

臭牡丹 *Clerodendrum bungei*，马鞭草科。

见于畅春园，中关园。一年生草本，高10-30厘米。茎平卧或斜升，紫红色，多分枝，节上丛生长毛。叶密集枝端，较下的叶分开，不规则互生，叶片细圆柱形，叶腋常生一撮白色长柔毛。花单生或数朵簇生枝端，日开夜闭。蒴果近椭圆形，盖裂。

大花马齿苋 *Portulaca grandiflora*，马齿苋科。

见于北阁东北山坡，学生宿舍区6号楼西树墙中，中关园东北角1号楼。草质藤本，茎右手性。植株有浓重的药味。茎长达150-300厘米，无毛，干后有纵槽纹。叶纸质，卵状心形或三角状心形，顶端短尖或钝，基部心形，两侧裂片圆形。花被长2-3厘米，基部膨大呈球形，直径达6毫米，向上收狭呈一长管。蒴果宽倒卵形或椭圆状倒卵形，成熟后6瓣开裂，如倒置的降落伞。

Aristolochia contorta，马兜铃科。**北马兜铃**

见于办公楼前，中文系室内，中关园温室。南方生长的乔木，在北京基本不生长，勉强成活（冬季要拿到室内）。小枝粗壮，圆柱形，老枝上有凸起的叶痕和托叶痕；全株无毛。叶片稍肉质。叶面深绿色。花单生或组成顶生二歧聚伞花序，但在北京不开花。

Fagraea ceilanica，马钱科。**灰莉**

牻牛儿苗

Erodium stephanianum，牻牛儿苗科。

见于勺园南草地，静园。多年生草本。高10-40厘米，根为直根，较粗壮，少分枝。茎多数，仰卧或蔓生，具节，被柔毛。叶对生，二回羽状深裂。伞形花序腋生，明显长于叶。花瓣紫红色。蒴果。

Pelargonium peltatum，牻牛儿苗科。**盾叶天竺葵**

见于燕东园青鸟集团。多年生攀缘或缠绕草本，长40-100厘米。茎具棱角，多分枝，光滑或几无毛。叶互生，略呈肉质。叶片近圆形，五角状浅裂。伞房花序腋生，有花数朵。花冠洋红色，上面2瓣着深色条纹，下面3瓣彼此分离。

见于燕南园餐饮中心北的老教师活动中心门前。适合南方生长的一种常绿乔木，但近些年被反复引进到北京，绝大部分被冻死、被风吹死。树皮淡褐色或灰色。叶厚革质，发亮，椭圆形，长圆状椭圆形或倒卵状椭圆形。花白色，芳香，直径15-20厘米；花被片9-12，厚肉质。聚合果圆柱状长圆形或卵圆形。清华大学和北京大学在背风处栽活并已开花多年。

荷花玉兰 *Magnolia grandiflora*，木兰科。

见于静园四院。小灌木，高50-300厘米。枝棕褐色，无毛，疏生皮孔，小枝紫褐色，细弱，四棱形，无毛，疏生皮孔，外有薄膜状剥裂。叶全缘或分裂，无毛；通常枝条上部和花枝上的叶趋向全缘，枝条下部和下面枝条的叶常具3-9羽状深裂至全裂，叶片和裂片呈披针形、长圆状椭圆形、宽椭圆形至卵形，或倒卵形。花序由侧芽抽生，通常多对排列在枝条上部呈顶生圆锥花序状。花冠淡紫色或紫色。

Syringa protolaciniata，木犀科。

华丁香

见于人文学苑2号楼。杂交种。半常绿灌木。小枝棕色，无毛或被微柔毛。嫩叶金黄色，然后变黄绿。叶片近革质，倒卵形、卵形或近圆形。圆锥花序塔形。果近球形，紫黑色。

金叶女贞 *Ligustrum* × *vicaryi*，木犀科。

见于人文学苑东北角。落叶乔木。老枝青绿色；嫩枝及叶柄下部有时黑褐色。嫩枝在上下节间交互呈两侧扁平状。叶对生偶有互生，奇数羽状复叶。小叶对生，通常7-11枚；叶柄基部常增厚或扩大；小叶叶缘具锯齿。

Fraxinus excelsior，木犀科。欧梣

见于教育基金会东的路边。落叶小乔木，高4-7米。小枝圆柱形，幼时被淡黄色短柔毛或柔毛，老时近无毛。叶片纸质或薄革质，卵形、椭圆状卵形、长圆形、长圆状椭圆形至披针形，或近圆形，长2-7厘米，宽1-3厘米。圆锥花序顶生或腋生，塔形。

Ligustrum sinense，木犀科。

小蜡

见于朗润湖西北，燕南美食餐厅北。落叶灌木，高1-4米。小枝淡棕色，圆柱形，密被微柔毛，后脱落。叶片薄革质，长1-2厘米，宽0.5-1厘米，披针形、长圆状椭圆形、椭圆形、倒卵状长圆形至倒披针形或倒卵形。圆锥花序顶生，近圆柱形。花冠淡黄色。果倒卵形、宽椭圆形或近球形，熟时紫黑色。

小叶女贞 *Ligustrum quihoui*，木犀科。

见于朗润园，光华楼北路边，畅春园，中关园。木质藤本。主藤粗壮，直径可达12厘米，高可达800厘米。小枝圆柱形，有纵棱纹，无毛或被稀疏柔毛。卷须2叉分枝，每隔2节间断与叶对生。叶卵圆形，显著3-5浅裂或中裂。叶柄长4-9厘米，几无毛。圆锥花序密集或疏散，多花。原产亚洲西部。

葡萄 *Vitis vinifera*，葡萄科。

蘡薁

Vitis bryoniifolia，葡萄科。读作“英育”。

也称华北葡萄。见于治贝子园。叶片深裂，下面密被蛛丝绒毛和柔毛。木质藤本。小枝圆柱形，有棱纹，嫩枝密被蛛丝状绒毛或柔毛，以后脱落变稀疏。卷须2叉分枝。叶长圆卵形，长2.5-8厘米，宽2-5厘米，叶片3-5深裂或浅裂，基部心形或深心形，基缺凹成圆形，下面密被蛛丝状绒毛和柔毛。花杂性异株，圆锥花序与叶对生。

也称梣叶槭。见于静园草坪东南角。高大落叶乔木。小枝圆柱形，无毛，当年生枝绿色，多年生枝黄褐色。羽状复叶，3-7枚小叶；小叶纸质，边缘常有粗锯齿。雌雄异株。雄花花序聚伞状，雌花花序总状，均由无叶的小枝旁边生出，常下垂。果实浆状，具翅，从空中下落时旋转。

复叶枫 *Acer negundo*，槭树科。中文名据FOC。

见于办公楼东，梅石碑西南路边（后被移走）。落叶小乔木。树皮深灰色。小枝细瘦；当年生枝紫色或淡紫绿色；多年生枝淡灰紫色或深紫色。叶纸质，基部心脏形或近于心脏形稀截形，5-9掌状分裂，通常7裂；叶绿色或淡红色，深秋后变全红。花紫色，杂性，雄花与两性花同株，生于无毛的伞房花序。

Acer palmatum，槭树科。

鸡爪槭

见于人文学苑历史系东，校史馆南，朗润园。落叶小乔木，枝脆。树皮深灰色。叶通常深裂，淡红色至深红色。伞房花序下垂。生长缓慢。

红槭

Acer palmatum var. *atropurpureum*，槭树科。也称紫叶槭、红鸡爪槭。

见于艺园餐厅南，26楼，继续教育学院。2011年始见于校园。在同一时期也入侵到清华大学校园。木质、半木质或草质藤本。茎左手性，茎长3-5米，无毛或近无毛。叶对生，纸质或近革质，形状变化较大。圆锥花序式的聚伞花序腋生和顶生，扩展，分枝对生，末次分枝上着生的花常呈蝎尾状排列。果球形，成熟时近黄色，有光泽。

Paederia scandens，茜草科。**鸡矢藤**

见于塞万提斯像东北河边。小灌木，高20-120厘米。小枝纤细，灰色至淡褐色，被微柔毛，表皮薄，常片状剥落。叶纸质，披针形或长圆形，对生。花无梗，常3-7朵簇生枝顶。花冠淡紫红色，漏斗状。

Leptodermis oblonga，茜草科。**薄皮木**

见于镜春园湖体西南角小路边。一年生草本。茎高30-120厘米。叶膜质，宽卵形或近圆形，基部近圆形、截形或浅心形，稀宽楔形，边缘有8-13枚缺刻状的粗牙齿或重牙齿；叶柄和叶脉上疏生刺毛和细糙伏毛。雄花序穗状，雌花序短穗状。皮肤接触刺毛一般会过敏。

蝎子草

Girardinia diversifolia subsp. *suborbiculata*，
荨麻科。据FOC。

见于朗润湖，鸣鹤园，中国社会工作研究中心东南。多年生水生草本。茎直立，多分枝，高30-120厘米，茎4棱。叶对生或三叶轮生。小聚伞花序簇生，因花梗及总梗极短，花枝整体上似一大型穗状花序。花瓣6，红紫色或淡紫色。

千屈菜 *Lythrum salicaria*，千屈菜科。

见于理科楼东，承泽园。灌木，高120厘米左右。叶片长圆披针形或椭圆披针形，两面均无毛或在中脉上有疏柔毛。花单生或2朵簇生，花叶同开或近同开。花重瓣，密集，白色。

Cerasus glandulosa f. *albo-plena*，蔷薇科。

白花重瓣麦李

见于静园草坪南。灌木，高达2-5米。叶片椭圆形，长椭圆形至长圆倒卵形，全缘，稀中部以上有钝锯齿。总状花序，有花6-10朵，无毛。花瓣倒卵形，长约1.5厘米，宽约1厘米，先端钝，基部有短爪，白色。蒴果，倒圆锥形，无毛，有5脊，开裂后呈五角星形。《中国植物志》标注产河南、江西、江苏、浙江，实际上太行山也有分布。

白鹃梅 *Exochorda racemosa*，蔷薇科。

见于鸣鹤园，畅春园。乔木。小枝圆柱形，无毛。叶片卵形，宽卵形至近圆形。伞形总状花序，具花7-10朵。花瓣椭圆倒卵形，基部有短爪，白色，先端常呈啮齿状，雄蕊20，花柱5枚或者4枚。

Pyrus bretschneideri，蔷薇科。

白梨

见于勺园大楼，人文学苑，中关园。一年生或二年生草本。茎平展，上升或直立，叉状分枝，被疏柔毛。基生叶羽状复叶，有小叶2-5对。花茎上多叶，下部花自叶腋生，顶端呈伞房状聚伞花序。花瓣黄色，倒卵形，顶端微凹。

Potentilla supina，蔷薇科。

朝天委陵菜

见于遥感楼南，因生科院科研楼施工移至静园。落叶乔木。树皮粗糙而多斑纹，老枝紫褐色或灰褐色，有浅色皮孔；小枝红褐色或带黄褐色，幼时被短绒毛，以后脱落无毛。叶片椭圆形、长圆形或长圆倒卵形，上面深绿色，下面淡绿色，两面无毛；下面中脉和侧脉均突起。总状花序多花，长7-10厘米。花瓣5，白色。核果卵球形，红褐色至黑色，光滑。

Padus avium，蔷薇科。据FOC。

稠李

见于勺园东北角路边。乔木。小枝细弱。叶片卵形或椭圆形至长椭卵形，中脉有时具短柔毛。伞房花序，具花4-6朵，花梗细弱，长2-4厘米，下垂，有稀疏柔毛，紫色。果实梨形或倒卵形，成熟时萼片脱落。

垂丝海棠 *Malus halliana*，蔷薇科。

见于成府园经济学院。直立灌木，高100厘米左右。枝条细长，开展。叶片卵形至卵状椭圆形，边缘有缺刻状重锯齿或单锯齿，上面暗绿色，无毛或沿叶脉微具短柔毛，下面色浅或有白霜，通常沿叶脉有短柔毛。蓇葖果半开张，无毛或沿腹缝有稀疏柔毛，花柱顶生。

Spiraea japonica，蔷薇科。粉花绣线菊

见于静园草坪北部。灌木，高100-200厘米；小枝圆柱形，通常呈圆弧形。叶片三角卵形至宽卵形，边缘有重锯齿，下面微被星状毛与短柔毛，沿叶脉较密。花序伞形总状。蓇葖果膨大，卵形，长渐尖头，熟时沿背腹两缝开裂。根据膨大的果实易区分于绣线菊类植物。

风箱果 *Physocarpus amurensis*，蔷薇科。

见于伟利楼西，47楼北，45楼，文史楼东，人文学苑2号楼西。乔木。小枝粗壮。叶片椭圆形至长椭圆形，边缘有紧贴细锯齿，有时部分近于全缘，幼嫩时上下两面具稀疏短柔毛，以后脱落。花序近伞形，有花4-6朵。花瓣卵形，基部有短爪，白色，在芽中呈粉红色；雄蕊20-25枚，花丝长短不等。

海棠花 *Malus spectabilis*，蔷薇科。

见于人文学苑东北角。乔木。小枝粗壮，圆柱形，灰褐色，具灰白色细小皮孔，嫩枝具绒毛，逐渐脱落。奇数羽状复叶小叶片5-7对，边缘有细锐锯齿，基部或中部以下近于全缘，上面具稀疏绒毛，下面苍白色，有稀疏或较密集绒毛。复伞房花序，花朵密集。果实近球形，橘红色。

花楸树

Sorbus pohuashanensis，蔷薇科。

Cerasus tomentosa，
蔷薇科。

毛樱桃

见于未名湖南角，燕南园，朗润园8公寓东北角。灌木，高50-150厘米。小枝紫褐色或灰褐色，嫩枝密被绒毛到无毛。叶片卵状椭圆形或倒卵状椭圆形，基部楔形，边有急尖或粗锐锯齿，上面暗绿色或深绿色，被疏柔毛，下面灰绿色，密被灰色绒毛或以后变为稀疏。花单生或2朵簇生，花叶同开，花瓣白色或粉红色。核果近球形，红色，果肉多汁，酸甜。

梅

Armeniaca mume，蔷薇科。

见于德斋研究生院门口，静园，章桂楼南。小乔木。树皮浅灰色或带绿色，平滑；小枝绿色，光滑无毛。叶片卵形或椭圆形，长4-8厘米，宽2-5厘米，叶边常具小锐锯齿，灰绿色，幼嫩时两面被短柔毛。花单生或2朵同生于1芽内，先于叶开放，清香；花梗短，常无毛；花萼通常红褐色，有些品种为绿色或绿紫色。果肉与核粘贴；核椭圆形。

见于临湖轩南，静园，西门。落叶小乔木或者灌木，由梅与李杂交而成。分枝多，细枝红色，老枝灰褐色。叶卵圆形，叶缘有细锯齿，叶背生有短柔毛。花浅紫或粉红，重瓣，先叶开放，萼筒宽钟状。可压条、扦插繁殖。

美人梅

Prunus × blireana 'Meiren'，蔷薇科。

见于档案馆西南和西北路口，静园，文史楼东南草地（被毁）。乔木。嫩枝绿色，有皮孔。叶大于稠李的叶，新叶绿色，然后变成淡紫色。总状花序，花相对密集；花序沿枝轴延伸，一般不下垂，明显区别于稠李。

Padus virginiana，蔷薇科。**美洲稠李**

见于赛克勒雕塑园。落叶或半常绿匍匐灌木，高1米左右，枝水平开张成整齐两列状；小枝圆柱形，幼时外被糙伏毛，老时脱落，黑褐色。叶片近圆形或宽椭圆形，全缘。萼筒钟状，外面有稀疏短柔毛，萼片三角形。花较小。果实近球形，鲜红色。

Cotoneaster horizontalis，蔷薇科。

平枝栒子

见于理科四号楼北，畅春园。攀援灌木，主茎直径可达30厘米，老枝皮纵裂。一年生枝长1-3米；小枝圆柱形，光滑。奇数羽状复叶，小叶5-9，近花序的小叶有时3。小叶片倒卵形、长圆形或卵形，边缘有尖锐单锯齿，稀混有重锯齿。具松散的圆锥状花序，多花。花瓣粉红到深红，重瓣。果近球形，红褐色，光亮。

七姊妹 *Rosa multiflora* var. *carnea*，蔷薇科。

见于赛克勒雕塑园（赛克勒博物馆西），教育基金会南，人文学苑3号楼东南。乔木。幼枝细弱。叶片椭圆形或卵形，基部楔形或圆形，边缘有细锐锯齿。托叶膜质，披针形，早落。伞形花序，具花4-6朵，无总梗，集生在小枝顶端。萼片披针形，先端渐尖，全缘。花瓣倒卵形，基部有短爪，白色。果实近球形，红色或黄色，柄洼及萼洼稍微陷入，萼片脱落。萼不宿存可区别于海棠类植物。

Malus baccata，蔷薇科。山荆子

也称大山楂或山楂。见于侗园餐厅南，国关大楼东，五院。落叶乔木。当年生枝紫褐色，无毛或近于无毛，疏生皮孔，老枝灰褐色。刺比原变种少。叶片宽卵形或三角状卵形，边缘有尖锐稀疏不规则重锯齿，叶片相对大，分裂较浅。伞房花序具多花。花有异味，花瓣白色，花药粉红色。果实近球形，直径可达2.5厘米左右，深亮红色。

山里红 *Crataegus pinnatifida* var. *major*，蔷薇科。

见于承泽园，静园。小乔木，树枝直立性强，聚集向上，很少平伸。叶片长椭圆形或椭圆形。伞形总状花序，有花4-7朵，集生于小枝顶端。花瓣近圆形或长椭圆形，基部有短爪，粉红色。果实近球形。观花品种坐果较少。

西府海棠 *Malus micromalus*，蔷薇科。

珍珠绣线菊

Spiraea thunbergii，蔷薇科。

见于未名湖北岸。灌木，高1米左右；枝条细长开张，呈弧形弯曲，小枝有棱角，幼时被短柔毛，褐色，老时转红褐色。叶片线状披针形。伞形花序无总梗，具花3-7朵，基部簇生数枚小形叶片；花梗细，无毛。花瓣白色。蓇葖果。

见于文史楼东草地，因施工被移走或被毁。落叶乔木。树皮暗灰色，深纵裂。小枝灰褐色，近无毛，具圆形淡褐色皮孔。叶片长椭圆状倒卵形至倒卵形，叶缘具粗大锯齿，齿端尖锐，内弯；叶背被灰棕色细绒毛。

锐齿槲栎 *Quercus aliena* var. *acuteserrata*，壳斗科。

通常称矮牵牛。见于办公楼西，东门口。杂交种。一年生草本。高30-60厘米，全体生腺毛。叶卵形，全缘。花萼5深裂，裂片条形；花冠白色或紫堇色，有各式条纹，漏斗状。

碧冬茄 *Petunia hybrida*，茄科。

见于中关园，承泽园，畅春园。又叫西红柿，原产美洲。一年生草本，高60-200厘米，全体生黏质腺毛，有气味。茎易倒伏。叶羽状复叶或羽状深裂。花序总梗长2-5厘米，常3-7朵花；花萼辐状，裂片披针形，果时宿存；花冠辐状，黄色。浆果扁球状或近球状。

番茄

Lycopersicon esculentum，**茄科**。

也称红姑娘。见于朗润园13公寓前，校史馆南。多年生草本，基部常匍匐生根。茎高40-80厘米，不分枝，茎节膨大，常被有柔毛。花冠辐状，白色或黄白色，裂片开展。果萼卵状，薄革质，网脉显著，有10纵肋，橙色或火红色，顶端闭合，基部凹陷；浆果球状，橙红色，或苦或甜。种子肾脏形，淡黄色。

Physalis alkekengi var. *franchetii*，茄科。

挂金灯

见于承泽园，畅春园，中关园。一年生草本。茎近无毛或微生柔毛，分枝稍“之”字形折曲。叶互生，枝顶端节不伸长而成双生或簇生状，全缘。花单生，俯垂；花萼杯状；花冠白色，5裂。

辣椒

Capsicum annuum，茄科。

见于朗润园9公寓，畅春园。直立分枝草本至亚灌木，高可达1米。叶卵形至长圆状卵形，长8-18厘米或更长，上下面被星状绒毛。开花后花下垂。萼近钟形，外面有小皮刺。花冠淡紫色，5裂。果实圆球形或棒状。

Solanum melongena，茄科。茄

通常称马铃薯、土豆。见于朗润园10公寓，畅春园。原产于热带美洲山地。栽培种一年生草本，高30-80厘米，无毛或被疏柔毛。地下茎块状，扁圆形或长圆形，外皮白色，淡红色或紫色。叶为奇数不相等的羽状复叶，小叶常大小相间。伞房花序顶生，后侧生，花白色或蓝紫色，花冠筒隐于萼内，冠檐裂片5，三角形。浆果圆球状，光滑，直径约1.5厘米。

Solanum tuberosum，茄科。**阳芋**

见于逸夫二楼东，文史楼东草地，理教西。也称朝鲜锦带花。落叶灌木。幼枝稍呈四方形。冬芽具数枚鳞片。叶对生，边缘有锯齿，具柄或几无柄，无托叶。花单生或由2-6花组成聚伞花序生于侧生短枝上部叶腋或枝顶；萼筒长圆柱形，萼檐5裂；花冠颜色多变，白色、淡黄色、粉红色至深红色，钟状漏斗形，5裂，裂片呈W形波纹，后期反卷。

Weigela coraeensis，忍冬科。**海仙花**

见于哲学楼东南。落叶灌木，高达3米，全体近于无毛。叶纸质，卵形或卵状矩圆形。总花梗纤细；苞片条状披针形或条状倒披针形，长与萼筒相近或较短，有时叶状而远超过萼筒；小苞片分离，近圆形至卵状矩圆形。花冠粉红色或白色，长约1.5厘米，唇形，筒短于唇瓣，基部常有浅囊。果实红色，圆形，双果之一常不发育。

新疆忍冬

Lonicera tatarica，忍冬科。

见于燕南园，俄文楼西花园西口。半常绿或有时落叶灌木。叶厚纸质或带革质。花先于叶或与叶同时开放，芳香，生于幼枝基部苞腋。花冠白色、淡黄色或淡红色，唇形，内面密生柔毛，基部有浅囊。下唇舌状，反曲。

郁香忍冬

Lonicera fragrantissima，忍冬科。

见于西门北虬槐和贴梗海棠的根部。多年生草本，高30-70厘米，根圆柱形。茎单生，具纹，略被白粉。基生叶及茎下部叶的叶柄与叶片近等长，2-3回羽状分裂，末回裂片线形或线状披针形。伞辐5-10，极不等长。小伞形花序有花5-15，花瓣白色，或带淡红色。不断被园林工人割断，但根尚活着。

Carum carvi，伞形科。葛缕子

见于畅春园。二年生草本。根肉质。茎单生，全体有白色粗硬毛。基生叶薄膜质，长圆形，二至三回羽状全裂，末回裂片线形或披针形。复伞形花序，有糙硬毛；总苞有多数苞片，呈叶状，羽状分裂。伞辐多数，果时外缘伞辐向内弯曲。花通常白色，有时带淡红色。

胡萝卜 *Daucus carota* var. *sativa*，伞形科。

茴香 *Foeniculum vulgare*，伞形科。

见于畅春园，燕东园。原产地中海地区。在北京为一年生草本，高40-150厘米。茎直立，光滑，灰绿色或苍白色，多分枝。较下部的茎生叶柄长5-15厘米，4-5回羽状全裂，末回裂片线形。复伞形花序顶生与侧生。花瓣黄色，倒卵形或近倒卵圆形。花药淡黄色。果实长圆形。

见于鸣鹤园，朗润湖边。多年生草本，高15-80厘米，茎直立或基部匍匐。基生叶有柄，柄长达10厘米，基部有叶鞘。叶片轮廓三角形，1-2回羽状分裂，末回裂片卵形至菱状披针形。茎上部叶无柄。复伞形花序顶生。小伞形花序有花20余朵，花瓣白色。

Oenanthe javanica，伞形科。水芹

见于中关园。一年生直立草本，高1-3米，枝具纵沟槽，密生灰白色贴伏毛。茎皮中富含优质纤维。叶掌状全裂。雌雄异株。雄花序圆锥形，花黄绿色，花被5。雌花序短，腋生，球形或穗状。瘦果，扁卵形，表面具细网纹。

Cannabis sativa，桑科。**大麻**

见于朗润园公寓8号楼，朗润湖西北岸。灌木或小乔木，树皮灰褐色。叶宽卵形，叶缘具多个不规则缺刻状深裂。叶表面粗糙，密生短刺毛，背面疏被粗毛。聚花果短椭圆形，成熟时红色或暗紫色。

鸡桑 *Morus australis*，桑科。据FOC。

见于实验动物中心B座门前，治贝子园，中关园501楼，中关村技物楼，中关园东北角1号楼。原产地中海地区。落叶灌木，多分枝；树皮灰褐色，皮孔明显；小枝直立，粗壮。叶互生，厚纸质，3-5裂，表面粗糙。隐头花序。榕果单生叶腋，梨形，顶部下陷，成熟时紫红色或黄色。在北京户外，地上部分冬季通常会被冻死，第二年重新发出新枝，栽于背风处的个别植株可正常越冬。

Ficus carica，桑科。**无花果**

见于静园草坪西南角。落叶灌木或小乔木，高1-7米；树皮灰褐色，小枝无毛，略具棱，有棘刺，刺长5-20毫米。叶卵形或菱状卵形。雌雄异株，雌雄花序均为球形头状花序，单生或成对腋生，具短总花梗。聚花果近球形。

柘树 *Maclura tricuspidata*，桑科。据FOC。

见于中关园501楼中央花园。原产于热带美洲。一年生草本。全株被粘质腺毛，有托叶刺。叶为具5-7小叶的掌状复叶，小叶草质，椭圆状披针形或倒披针形。总状花序长达40厘米，密被粘质腺毛。花瓣粉红色，瓣片倒卵伏匙形。雄蕊6，花丝长4厘米，花药线形。雌蕊柄长4厘米，果时略有增长。果圆柱形，长6厘米。

醉蝶花

Tarenaya hassleriana，
山柑科。据FOC。

见于校景亭南路口，陈瑞鸿楼（国关大楼）东，赛克勒博物馆西北。落叶乔木，高6-15米；树皮光滑，暗灰色或带黄灰色；枝开展，近似轮生。当年生枝紫红绿色，二年生枝淡绿色，有半月形的叶痕和圆形皮孔。叶互生，纸质，阔卵形、阔椭圆状卵形或披针状椭圆形。伞房状聚伞花序，顶生。花萼裂片4；花瓣4，花白色；雄蕊4，与花瓣互生；花药淡黄色。核果球形。

灯台树 *Cornus controversa*，山茱萸科。据FOC。

Cornus officinalis，山茱萸科。山茱萸

见于化学南楼北。落叶乔木或灌木，高4-10米；树皮灰褐色；小枝细圆柱形。叶对生，纸质，卵状披针形或卵状椭圆形。伞形花序生于枝侧，有总苞片4，卵形，厚纸质至革质。花萼裂片4，阔三角形，与花盘等长或稍长；花瓣4，舌状披针形，黄色，向外反卷；雄蕊4，与花瓣互生；花盘垫状。核果长椭圆形，红色至紫红色；核骨质。

也称美洲商陆、洋商陆。原产北美。见于中关村技物楼，承泽园，静园二院东，镜春园，畅春园。多年生草本，高1-2米。根粗壮，肥大，倒圆锥形。茎直立，粗壮，圆柱形。叶片椭圆状卵形或卵状披针形。总状花序顶生或侧生。花白色，微带红晕。花序起初向上，结果时下垂。浆果扁球形，熟时紫黑色。是人为引进的入侵物种。

Phytolacca americana，商陆科。**垂序商陆**

见于人文学苑东北角。落叶灌木，高约2米，稀达5米。枝略带弧形。树皮紫红色或灰褐色，有纵棱；枝条开展。复叶对生，具三小叶。圆锥花序顶生，直立，花白色；萼片长椭圆形，浅黄白色，花瓣5，白色，倒卵状长圆形。雄蕊5。蒴果外形像荷包，扁平，2室，先端2裂。

省沽油 *Staphylea bumalda*，省沽油科。

见于勺园5号楼西，畅春园。一年生草本，高20-80厘米。下部茎生叶较多，向上渐少。茎直立，多分枝。叶为3回羽状深裂，末端裂片条形或长圆形。花序伞房状，果期伸长；萼片直立，长圆条形，背面有分叉细柔毛；花瓣黄色，长圆状倒卵形。长角果圆筒状。

Descurainia sophia，十字花科。播娘蒿

见于勺园西草地，中关园。二年生草本，高10-90厘米，无毛、有单毛或分叉毛；茎直立，单一或从下部分枝。基生叶丛生呈莲座状，大头羽状分裂，顶裂片卵形至长圆形；茎生叶窄披针形或披针形，抱茎，边缘有缺刻或锯齿。总状花序顶生及腋生。花瓣白色，卵形。短角果倒三角形或倒心状三角形。

荠 *Capsella bursa-pastoris*，十字花科。

见于朗润园9号楼东北。一年生草本，高20-50厘米；茎直立，有棱角，具2叉毛。基生叶莲座状，无柄，平铺地面；茎生叶披针形或线形。总状花序顶生。花瓣浅黄色，长圆形。长角果圆柱形。

Erysimum cheiranthoides，十字花科。**小花糖芥**

葶苈

Draba nemorosa，
十字花科。

见于静园草坪，塞万提斯像小桥边。一年或二年生草本。茎直立，高10-50厘米，疏生叶片或无叶，但分枝茎有叶片；下部密生单毛、叉状毛和星状毛，上部渐稀至无毛。基生叶莲座状，长倒卵形，边缘有疏细齿或近于全缘；茎生叶长卵形或卵形。总状花序有花25-90朵，密集成伞房状。短角果长圆形或长椭圆形。

见于燕南园，畅春园，静园，办公楼。一年生或二年生草本，高10-30厘米。茎俯仰或上升，基部多少分枝。叶片宽卵形或卵形，全缘；基生叶具长柄，上部叶常无柄或具短柄。疏聚伞花序顶生；花梗细弱。萼片5；花瓣白色，深2裂达基部；雄蕊3-5；花柱3。蒴果卵形。

Stellaria media，石竹科。**繁缕**

见于燕南园，畅春园。多年生草本，高30-50厘米，全株无毛。茎疏丛生，直立，上部分枝。叶片线状披针形，全缘或有细小齿。花单生枝端或数花集成聚伞花序；花萼圆筒形，有纵条纹，萼齿披针形；花瓣紫红色、粉红色、鲜红色或白色。蒴果圆筒形，包于宿存萼内。

石竹

Dianthus chinensis，石竹科。

见于静园六院北，朗润园，26楼东南角（大树）。落叶小乔木或大乔木，稀灌木，高达10余米；树皮灰褐色；短枝和无芽小枝（即新枝）比长枝光滑。枝上具2个托叶刺。叶纸质，卵形，卵状椭圆形。花黄绿色，两性，5基数，无毛。核果近球形或短矩圆形，直径0.7-1.2厘米，具较薄的中果皮，味酸。北大校园有一株罕见的大树，可称之酸枣王。

酸枣 *Ziziphus jujuba* var. *spinosa*，鼠李科。

见于静园北部，民主楼北，亨利楼东北，承泽园科学与社会研究中心入口处，朗润园12号楼，畅春园，中关园，中关新园。多年生缠绕草质藤本。块茎长圆柱形，垂直生长。茎通常带紫红色，右手性，无毛。单叶，茎下部互生，中部以上的对生，很少3叶轮生；叶片变异大，卵状三角形至宽卵形或戟形。叶腋内常有珠芽。雌雄异株，均为穗状花序。蒴果不反折，三棱状扁圆形或三棱状圆形。

Dioscorea polystachya，薯蓣科。据FOC。

薯蓣

见于人文学苑1号楼北水塘，朗润园岛南入口桥东。一年生水生草本。沉水叶箭形或椭圆肾形，两面无刺，叶柄无刺；浮水叶革质，椭圆肾形至圆形，直径10-130厘米，盾状，下面带紫色，两面在叶脉分枝处有锐刺。花直立，长约5厘米；萼片披针形，外面密生稍弯硬刺。浆果球形，外面密生硬刺。

芡实

Euryale ferox，睡莲科。

见于俄文楼南，因图书馆施工被移走。裸子植物。长绿乔木，高达30米；幼树树皮通常平滑，或有浅裂纹，常具多而明显的横列瘤状皮孔，老则呈灰色，裂成长条裂块、近长方形裂块，或裂成鳞片状；枝条斜上伸展或开展，树冠圆锥形或圆柱状。叶列成两列，或在果枝及主枝上面的叶斜上伸展，下面之叶列成两列，稀枝条下面及上面的叶均为斜上伸展，叶条形。球果卵状圆柱形或圆柱形。

Abies nephrolepis，松科。**臭冷杉**

青杄

Picea wilsonii，松科。

见于静园草坪东北部。也称华北云杉。裸子植物。长绿乔木，高达50米。树皮灰色或暗灰色，裂成不规则鳞状块片脱落；枝条近平展，树冠塔形；一年生枝淡黄绿色或淡黄灰色，无毛，稀有疏生短毛，二、三年生枝淡灰色、灰色或淡褐灰色。球果卵状圆柱形或圆柱状长卵圆形，下垂，成熟前绿色，熟时黄褐色或淡褐色。

见于鸣鹤园。也称针蔺、具刚毛荸荠、槽秆荸荠。多年生水生或湿生草本，高6-50厘米。有匍匐根状茎。秆丛生，圆柱状，具少数肋条。叶缺如，仅具叶鞘，鞘膜质。小穗单生茎顶，黄色。小坚果，倒卵形。

Eleocharis valleculosa var. *setosa*，莎草科。

具槽秆荸荠

见于鸣鹤园。以前称扁秆藨草。多年生水生草本，秆高60-100厘米。具匍匐根状茎和块茎。秆三棱形，平滑，靠近花序部分粗糙，基部膨大，具秆生叶。叶扁平，宽2-5毫米，向顶部渐狭，具长叶鞘。叶状苞片1-3枚，常长于花序，边缘粗糙。长侧枝聚伞花序短缩成头状，或有时具少数辐射枝，通常具1-6个小穗。

扁秆荆三棱

Bolboschoenus planiculmis，
莎草科。据FOC。

见于静园，图书馆东，临湖轩。原产于陕西。多年生草本。根状茎木质，匍匐。秆高16-30厘米，扁三棱形，平滑，基部具淡褐色分裂成纤维状的老叶鞘。苞片短叶状，具鞘。小穗3-5个，彼此远离，顶生1个雄性，棒状圆柱形；侧生小穗雌性。小坚果紧包于果囊中，倒卵形，三棱形，下部棱面凹陷，基部具短柄状。

Carex giraldiana，莎草科。涝峪薹草

见于图书馆，静园。多年生草本。根状茎短。秆丛生，高8-40厘米，纤细，三棱形，上部稍粗糙，基部叶鞘淡褐色，撕裂成纤维状。叶短于秆，平张，边缘粗糙，质硬。最下部的苞片叶状，长于花序。小穗2-5个，上部的接近，下部的远离，顶生小穗雄性，长圆形；侧生小穗雌性，长圆形或长圆状卵形，少有圆柱形。

Carex breviculmis，莎草科。**青绿薹草**

见于朗润湖。多年生水生草本，高1-2米。匍匐根状茎粗壮，具许多须根。秆高大，圆柱状，平滑，基部具3-4个叶鞘。苞片1枚，为秆的延长，直立，钻状，常短于花序，极少数稍长于花序；长侧枝聚伞花序简单或复出，假侧生，具4-13或更多个辐射枝。

水葱

Schoenoplectus tabernaemontani，莎草科。据FOC。

见于朗润园。一年生水生或湿生草本，具须根。秆散生，粗壮，高50-95厘米，钝三棱形，平滑，基部稍膨大，具少数叶。叶短于秆；叶鞘长，红棕色；复出长侧枝聚伞花序具3-8个辐射枝，长短不等。穗状花序无总花梗。

头状穗莎草 *Cyperus glomeratus*，莎草科。

虎掌 *Pinellia pedatisecta*，天南星科。

见于燕南园65号。多年生草本。块茎近圆球形，直径可达4厘米，根密集，肉质；块茎四旁常生若干小球茎。叶1-3或更多，叶柄淡绿色，下部具鞘；叶片鸟足状分裂，裂片6-11。佛焰苞淡绿色。肉穗花序。

见于塞万提斯像西南，承泽园，人文学苑东，光华学院，金光生命科学楼南，中关新园。灌木，高可达4米；小枝四棱，具细微皱突。叶革质，有光泽，倒卵形或椭圆形，边缘具有浅细钝齿。聚伞花序5-12花。花白绿色，花瓣近卵圆形。蒴果近球状，淡红色。

冬青卫矛

Euonymus japonicus，卫矛科。

见于静园。常绿藤本灌木，高可达4米；老枝经常长出密集的气生根。小枝方棱不明显。叶薄革质，椭圆形、长方椭圆形或长倒卵形，边缘齿浅不明显。聚伞花序3-4次分枝。花白绿色，4数。蒴果粉红色。扦插极易成活。

Euonymus fortunei，卫矛科。**扶芳藤**

见于陈瑞鸿楼北。落叶灌木，高达1-4米。树皮暗灰色，常纵裂。叶轮廓圆卵形至广卵形或倒卵形，通常3裂，具掌状3出脉。复伞形式聚伞花序直径8-12厘米，全部由大型不孕花组成。花冠白色，辐状。

Viburnum opulus 'Roseum'，五福花科。

欧洲雪球

西洋接骨木

见于鸣鹤园。落叶大灌木。高4-10米；幼枝具纵条纹，二年生枝黄褐色，具皮孔；髓部发达，白色。奇数羽状复叶有小叶片1-3对，通常2对；小叶具短柄，边缘具锐锯齿。圆锥形聚伞花序分枝5出，平散，直径达12厘米；花小而多；萼筒长于萼齿；花冠黄白色，裂片长矩圆形；子房3室，柱头3裂。果实亮黑色。以花序舒展和黑果易区别于接骨木。

Sambucus nigra，五福花科。

Heteropanax fragrans，五加科。幌伞枫

见于综合科研楼（原校医院所在地）门前，中关新园路边摆放，中关园花房。常绿乔木。树皮淡灰棕色，枝无刺。叶大，三至五回羽状复叶，叶柄长15-30厘米；托叶小，和叶柄基部合生；小叶片在羽片轴上对生，纸质，椭圆形。圆锥花序顶生。在北京为盆栽，室外无法越冬。

见于畅春园，燕东园，静园，中关园。原产于热带美洲，现遍布中国。一年生草本，高20-150厘米；茎直立，粗壮，淡绿色，稍具钝棱，密生短柔毛。叶片菱状卵形或椭圆状卵形，全缘或波状缘，两面及边缘有柔毛，下面毛较密。圆锥花序顶生及腋生，直立，由多数穗状花序形成，顶生花穗较侧生者长。胞果扁卵形，包裹在宿存花被片内。种子近球形，黑色。

Amaranthus retroflexus，苋科。**反枝苋**

见于中关园，燕东园。原产于热带非洲。一年生草本，高40-80厘米，全体无毛；茎直立，有不显明棱角，稍有分枝，绿色或带紫色。叶片卵形、卵状矩圆形或卵状椭圆形，全缘或微呈波状缘；叶柄绿色或带紫红色。圆锥花序顶生，有分枝，由穗状花序形成，顶生花穗比侧生者长。胞果扁球形，不裂，极皱缩，超出花被片。种子近球形。

Amaranthus viridis，苋科。皱果苋

见于中关新园。一年生草本，高10-30厘米，全体无毛；茎伏卧而上升，从基部分枝，淡绿色或紫红色。叶片卵形或菱状卵形，顶端凹缺，有1芒尖，或微小不显，基部宽楔形，全缘或稍呈波状。花成腋生花簇，直至下部叶的腋部，生在茎端和枝端者成直立穗状花序或圆锥花序。

Amaranthus blitum，苋科。据FOC。

凹头苋

见于中关园501楼东。常绿小灌木。茎常丛生而少分枝，光滑无毛，幼枝常为红色，老后呈灰色。叶互生，集生于茎的上部，三回羽状复叶；二至三回羽片对生；小叶薄革质，椭圆形或椭圆状披针形。圆锥花序直立，长20-35厘米；花小，白色，芳香。浆果球形，鲜红色。在北京无法室外越冬。

南天竹 *Nandina domestica*，小檗科。

见于未名湖北体斋。常绿灌木，高120厘米左右。老枝深灰色，具稀疏黑色疣点，幼枝淡灰黄色；茎刺三分叉，粗壮，近圆柱形。叶革质，长圆状椭圆形或披针形，先端渐尖，基部楔形。叶上面亮深绿色；背面淡绿色不被白粉。叶缘平展，具细小刺齿。花3-7朵簇生，花黄色。浆果长圆状椭圆形或椭圆形，熟时深紫色。

Berberis lempergiana，小檗科。天台小檗

见于朗润湖。多年生沉水草本。根状茎发达，在水底泥中蔓延，节部生根。茎圆柱形，长1-2.5米，分枝极多。叶常4-6片轮生，丝状全细裂，叶的裂片约13对，细线形。花两性，单性或杂性，雌雄同株，单生于苞片状叶腋内，常4朵轮生，由多数花排成近裸颓的顶生或腋生的穗状花序。

Myriophyllum spicatum，小二仙草科。

穗状狐尾藻

见于文史楼东草地，因施工被毁。灌木或小乔木。枝暗红褐色或灰褐色，初时被疏柔毛，后变无毛，具凹条纹和圆形浅色皮孔。叶纸质，2-3片对生或轮生，卵形或椭圆形，边缘有密集稍内弯的小锯齿。圆锥状聚伞花序尖塔形，不育花较多。萼片4，萼齿短三角形；花瓣白色。蒴果椭圆形。

Hydrangea paniculata，绣球花科。

圆锥绣球

见于第一体育馆东操场北铁篱笆。通常称地瓜、红薯、甘薯。一年生草本，地下部分具圆形、椭圆形或纺锤形的块根。茎平卧或上升，多分枝，圆柱形或具棱，绿或紫色，被疏柔毛或无毛，茎节易生不定根。叶片通常为宽卵形，多裂或者3-7裂。聚伞花序腋生。苞片小，披针形。花冠粉红色、淡紫色，漏斗状。在北京深秋时偶尔开花。

番薯 *Ipomoea batatas*，旋花科。

见于畅春园。一年生草本，蔓生或漂浮于水。茎圆柱形，有节，节间中空，节上生根，无毛。叶卵形、长卵形、长卵状披针形或披针形，顶端锐尖或渐尖。聚伞花序腋生。花冠白色、淡红色或紫红色，漏斗状。在北京一般不开花。

Ipomoea aquatica，旋花科。蕹菜

以前称通泉草。见于静园，一教后的文水陂。一年生草本，高5-30厘米，无毛或疏生短柔毛。茎倾卧状上升，着地部分节上常能长出不定根，分枝多而披散。基生叶少到多数，有时成莲座状或早落，边缘具不规则的粗齿或基部有1-2片浅羽裂。茎生叶对生或互生。总状花序生于茎、枝顶端，花疏稀。花萼钟状，花冠白色、紫色或蓝色，上唇裂片卵状三角形，下唇中裂片较小。蒴果球形。

Mazus miquelii，玄参科。据FOC。

匍茎通泉草

见于未名湖，朗润湖。多年生沉水草本，具近圆柱形的根茎。茎稍扁，多分枝，近基部常匍匐地面，节处生疏或稍密的须根。叶条形，无柄，叶缘多少呈浅波状，具疏或稍密的细锯齿；叶脉3-5条，平行。休眠芽腋生，略似松果，长1-3厘米，革质叶左右二列密生，基部扩张，肥厚，坚硬，边缘具有细锯齿。穗状花序顶生。

菹草 *Potamogeton crispus*，眼子菜科。

见于朗润湖。多年生沉水草本。茎长50-200厘米，近圆柱形，纤细，直径1毫米左右，下部分枝稀疏，上部分枝稍密集。叶线形，长2-10厘米。穗状花序顶生。果实倒卵形，长3.5-5毫米。

Potamogeton pectinatus，眼子菜科。

篦齿眼子菜

见于朗润湖。多年生沉水草本。根茎白色，节处生有须根。茎圆柱形。叶卵形、卵状披针形或卵状圆形，无柄，先端钝圆，基部心形，呈耳状抱茎，边缘波状，常具极细微的齿。穗状花序顶生。

Potamogeton perfoliatus，眼子菜科。

穿叶眼子菜

见于未名湖，朗润湖。多年生水生草本。根茎发达，白色。茎圆柱形通常不分枝。浮水叶革质，披针形、宽披针形至卵状披针形，长2-10厘米，宽1-4厘米。穗状花序顶生，具花多轮，开花时伸出水面，花后沉没水中；花序梗稍膨大，粗于茎，花时直立，花后自基部弯曲。果实宽倒卵形。

眼子菜

Potamogeton distinctus，眼子菜科。

见于朗润湖。多年生沉水草本。根茎发达，白色，节处生有须根。茎圆柱形，具少数分枝，节间长可达10余厘米。叶条形或条状披针形，具长柄；叶片长5-19厘米，宽1-2.5厘米，先端钝圆而具小凸尖，基部钝圆或楔形，边缘浅波状，有细微的锯齿；中脉显著，淡黄色。叶脉交织出小的平行四边形网眼。以前称马来眼子菜。

竹叶眼子菜

Potamogeton wrightii，眼子菜科。据FOC。

见于中关村技物楼，人文学苑中文系，44楼北，物理学院北，红湖东。大乔木。干直，树皮粗厚，深沟裂。萌枝及苗茎棱角明显。叶三角形或三角状卵形。

加杨

Populus × canadensis，杨柳科。

见于生物楼东草地，被破坏。乔木。树皮青灰色，光滑。树冠窄圆柱形或尖塔形。树皮灰白或青灰色，光滑少裂。萌条和长枝叶掌状深裂，基部平截；短枝叶圆形，有粗缺齿，侧齿几对称，基部平截，下面绿色几无毛。

Populus alba var. *pyramidalis*，杨柳科。

新疆杨

见于塞万提斯像水渠边石缝中。落叶乔木或灌木。树皮暗灰色，纵裂，小枝两侧有时具对生扁平的木栓翅。幼枝有疏毛。翅果宽倒卵状圆形、近圆形或宽椭圆形。两面及边缘有毛，果核部分位于翅果中部。

大果榆

Ulmus macrocarpa，榆科。

也称小叶朴（读音为“破”）。见于塞万提斯像小桥北，办公楼东，鸣鹤园荷花池西南。落叶乔木，树皮灰色或暗灰色；当年生小枝淡棕色，老后色较深，无毛，散生椭圆形皮孔。叶厚纸质，狭卵形、长圆形、卵状椭圆形至卵形。果单生或双生于叶腋。果成熟时蓝黑色，近球形。当年生细枝常有赵氏瘿孔象虫瘿。

Celtis bungeana，榆科。黑弹树

见于人文学苑东北角。落叶乔木。树皮灰色或深灰色，大树的皮不规则，长片状剥落。小枝黄绿色。叶纸质，宽卵形至长卵形。翅果状坚果近圆形或近四方形，直径10-17毫米。果实外面无毛或多少被曲柔毛，常有不规则的皱纹，有时具耳状附属物，具宿存的花柱和花被，果梗纤细。

青檀

Pteroceltis tatarinowii，榆科。

见于生物楼前，后被移走。乔木。成年树的树皮有厚木栓层，深沟状或不规则网状开裂，内皮薄，鲜黄色，味苦。叶轴及叶柄均纤细，有小叶5-13片。聚伞状圆锥花序，顶生。核果，球形，熟时紫黑色。因药用或制作家具而经常被砍伐。

黄檗

Phellodendron amurense，芸香科。

见于中关园。落叶小乔木；枝有短刺。奇数羽状复叶，小叶5-13片，叶轴常有甚狭窄的叶翼；小叶对生，无柄。叶缘有细裂齿，齿缝有油点。聚伞状圆锥花序，顶生。果紫红色。

花椒

Zanthoxylum bungeanum，芸香科。

见于朗润湖。多年生水生或沼生草本。根状茎横走，较粗壮，末端通常膨大。叶柄五棱柱形，其中有一个面较大。挺水叶箭形。花序总状或圆锥状，具花多轮，每轮通常3花。花白色，3瓣。

Sagittaria trifolia，泽泻科。**野慈姑**

见于朗润湖。多年生水生或沼生草本。块茎直径1-3.5厘米，或更大。叶通常多数；沉水叶条形或披针形；挺水叶宽披针形、椭圆形至卵形，叶脉通常5条。叶柄截面为缺四分之一的圆形。花葶高50-120厘米。大型圆锥花序，3-8轮分枝，每轮分枝3-9枚花。花白色，3瓣，外缘有牙形齿。

Alisma plantago-aquatica，泽泻科。**泽泻**

校园植物
与师生记忆

多识草木之名

不但要关心校园中有什么植物，还要关心植物是如何演变的，了解哪些来了哪些走了。对于具体的每一种植物，还要观察一年四季中它如何变化，知道何时发芽、开花、变色、落叶。

关注植物地理、生态、生理之前，为避免张冠李戴，辨识清楚每一种植物十分重要，虽然不认识植物也能做许多事情。

“多识于鸟兽草木之名”是古训，也是信息网络时代的钥匙。名字是检索的关键词，借助名字，他人的成果我们可以容易地分享。

“辨识清楚”，并非要教条地按照植物志所述，在各种检索条件全具备的情况下才能做到，而是要求在一年四季任何情况下都办得到，哪怕只见到植物的一小部分。

对于普通的植物爱好者，要求竟然比专业植物学家还高？部分是这样！公众修炼博物学，与专家从事植物分类学及生态学研究，旨趣和要求是完全不同的。对于一定范围的植物，只要真心喜欢，投入足够的精力，普通人是

臭椿，苦木科。位于燕南园。▷

可以达到相当的水平的，在某些方面完全可以胜过专家。当然前提是“一定范围内”，比如某校园内，北京市或河北省内，千万别到四川、云南或者亚马孙森林说这样的话！

从博物角度分辨植物，应当不限于植物志检索表所列各项，除了知道那些检索特征外，要尽可能发明一套个人化的致知方式。理论上A植物区别于B植物有无数个特征，其中有相当多难以用语言描写，但

◁ 大花糯米条，北极花科。杂交种，花非常香。仅一株，原位于生物楼东草地上，后迁移至静园草坪西南。

刺槐，豆科。

是我们自己可以用心体察，它们对于区分植物十分有用。

认识的植物越多，再多认识一种植物也就越容易。归纳法在此确实十分管用。再笨的人，见识的植物多了，也能概括出一些共性，也能形成“科”（family）的概念。要做到能通过自己的查询而辨识新遇到的不认识的植物，至少需要先大致记住200种植物。这也只是可能，有时即使已经认识了2000种植物，新见到一种也未必能自己查出来，甚至有时连所在的科也无法判断。

与同行交流或向他人请教，确实是好办法，但不能养成依赖性。记住：向别人打听植物名，一次最好只问一种，最多不超过三种，并且要尽可能提供多幅清晰的照片（远景与近景、局部特写都要有，有花果照片更

▽ 白皮松下的植物群落，至少还有如下物种：构树、榆树、早开堇菜、独行菜、诸葛菜、中华小苦荬。

▽ 黄鹌菜（菊科）、叉子圆柏（柏科）和抱茎小苦荬（菊科）。

△ 多花胡枝子、萝藦、枸杞、榆树，如果查细节的话，还有叉子圆柏、黄栌、甘菊、早开堇菜等。

△ 藜、田旋花、雀瓢。

好。要特别注意花序、叶形、叶背面细节的拍摄）。不建议采标本，实在要采也要以“最小破坏”为原则，对于数量少的植物绝对不能采。

要注意在一定的组合中分辨植物，一点一点地熟悉在什么样的环境下寻找期望的植物。这样做既有利于个体识别，也有利于过渡到对生境、生态的掌握。

知道名字之后，便可跟踪观察记录，进而了解物候、生理、生态。所有这些也可以交叉进行，彼此促进。比如物候观测可与辨识相结合，某植物不同年份中何时开花一定是有很大变化的，但校园内一系列植物开花的序列是相对稳定的，极少变化，如迎春花 - 山桃 - 杏 - 紫丁香 - 榆叶梅 - 紫藤 - 牡丹 - 德国鸳尾 - 金银忍冬 - 山楂 - 荇菜。在一个序列中理解一个种，可能是个好办法。

规训与多样性

初学者通过观察校园植物而认识植物，有利有弊。利在于方便，不用走远，特别是不用上山就能见识许多植物；弊在于校园中人工栽培植物太多，并且容易吸引眼球。这些园艺植物（包括入侵种）来源复杂，定名也相对复杂，而这不适合初学者。博物学家也应当首先了解当地野外自然生长的本土植物（native plants, indigenous plants）。

校园有多种功能，养护和欣赏植物只是其中一项，相对弱得多的一项。不过，植物的境况与学生的境况有相当的同构性。学校管理者、教师要对一批又一批学子进行现代性的规训，学校的园林部门对草木进行一次又一次的栽种、移植、修理以及摧毁。前者以培育适用人才为正当理由，后者以美化校园为台面说辞，但背后都有不愿讲或者讲不清楚的方方面面。即使出于好的动机，也未必总有好的结果，这与外部条件有关，也与当事人的觉悟、水平、德性有关。

现代性的逻辑不仅表现在对学生的规训，也同样表现在对植物的规训。植物要按照建设某某类型大学的要求来购买、栽种、修剪、遗忘、抛

△ 小叶黄杨树墙中穿出的入侵种鸡矢藤，茜草科。近年内才入侵校园，来势凶猛。茎左手性。

△ 蔡元培像前一丛三裂绣线菊中穿出的木防己，防己科。最新落户燕园的植物，共发现三处,另两处位于36楼西北角、38楼东，教育基金会东。

弃、清除。在短时间内办成“一流”大学，要折腾校长、教师、学生，也少不了折腾土地、房屋、草木。有折腾对的，也有折腾错的。对与错，不同人有不同的认识。

北京大学有多种特征，但无论怎样讲，兼容并包总是其中的一项。与此相对应的，便是多样性，人的思想与行为的多样性，草木的多样性。

草木的多样性包括种类的多样性（对应于物种多样性）和分布的多样性（对应于生态多样性），但是现代性的规训常常与多样性相矛盾。规训追求的是某些人看中的秩序，表现为某种简单性、整齐划一性和显示度。于是，坏的表现是，某些有显示度的品种被过分地大量引进，过多占领了校园极有限的空间，被认为不重要的物种被人为限制、清除。这些与对学科、对人才

在墙根处生长的抱茎小苦荬，菊科。

的处理，是非常类似的。在校园中调查植物，目睹了大量平时可能不会注意的五花八门的机构招牌，更能认定这种相似性。

近些年，通过人工有意移栽而快速增加的植物有：流苏树、东京樱花、梅、马蔺、忍冬、牡丹、千屈菜。对此，应当控制数量，减少浪费，为校园保留更多空地。

明显“自然”大量增加的植

人工草地上同时出现的三种十字花科植物：播娘蒿、荠、小花糖芥。摄于勺园5号楼西。▽

物有：牛膝、半夏、虎掌、薤白、苦苣菜、榆树、垂序商陆、裂苞铁苋菜、香丝草、鸡矢藤。自然两字打上引号，是指严格讲并非真的自然，它们的迅速增加，实际上与一系列人为活动相关联。但这些植物并不是园林部门有意引进的。其中一些繁殖较快，有相当的风险，如裂苞铁苋菜、香丝草、鸡矢藤、苦苣菜，建议及早采取措施。

新出现但数量较少的植物有：木防己、大果榆、薄皮木、野皂荚、蝎子草、青檀、花楸树、野韭、长芒草、羊草、苇状羊茅。其中有的是特意

墙根处顽强生长的牛膝，苋科。此外来种数量在整个校园迅速增加。▽

挤入黄鹌菜（菊科）中的香丝草（菊科）。近年来，香丝草在全国各地泛滥。▽

△ 图书馆北草坪上的荔枝草（唇形科）小苗。用不了多久，园林工人就会把它割掉，偶尔忘记及时清除它便能开花结果。此图上还有早开堇菜、平车前、附地菜等植物。

承泽园中的附地菜，紫草科。△

青檀，榆科。▽

△ 长在石缝中的君迁子（黑枣），柿树科。位于朗润园至花房的石桥桥墩上。

△ 静园中的夏至草（唇形科）和异穗薹草（莎草科）

◁ 复叶枫，槭树科。静园东南角。

引种的，有的是无意引入的。

由于施工而被迫迁移的植物有：大花糯米条、鹅掌楸、稠李、美洲稠李、卫矛、锐齿槲栎、黄檗、香椿、暴马丁香。

明显减少的植物：葶苈、荔枝草、水葱、香蒲、泽芹、盒子草。主要由于建筑施工、改建草坪、草地人工维护导致，应当注意不要过快过重改变原有生态和物种。特别是要严格限制人工草坪的数量，它太浪费钱财（要求不断更新），每次更新都严重破坏原有的植物。

作为蔬菜和水果在校园中种植的植物：薄荷、葱、辣薄荷、阳芋（土豆）、番薯（红薯）、扁豆、菊芋、香椿、菜豆、葡萄、番茄、菠菜等。对此类种植应当限制。

近年来较为成功的引种：复叶枫、柘树、马蔺、梅、流苏树、玫瑰、黄菖蒲。

不能召之即来挥之即去

校园植物有来有去，这很正常。如果变化得太快，则不正常。而现在正是后面一种局面。

有人认为，校园植物通常不涉及特有种，不涉及珍稀植物，多一种少一种没什么；即使某一种类完全被清除了也算不了什么大事，将来想补上花钱再购买就是了。总之，因各种原因破坏植物，只是经济上划算不划算的问题，不涉及伦理正当与否的问题。但是，也有少数人认为，植物作为生命，不能招之即来挥之即去。特别是一些在校园生长了多年的大树，它们具有特别的价值，它们也保存着许多师生的人生记忆，不能随随便便移动和摧毁。

我1984年进入北大读本科，硕士和博士是在中国人民大学读的，那期间也经常回北大。从1984年到现在的2015年，校园从来就是一个大工地。大型

由北京大学理教二楼教室向北偏西方向拍摄（105mm镜头，2015年5月21日上午10时）。近处为一排7株鹅掌楸中的一株，大坑为目前仍然在下挖的工地一角。后面的大楼为遥感楼（墙上有一些爬山虎），上面的钢梁为工地起重机吊起的重物，最远处是北京大学的标志性建筑博雅塔。6月初这些死去的大树已经被清除。▷

建筑施工对植物的破坏最为严重。2015年5月底，北京大学校本部在建的大工程就有：鸣鹤园中水处理站工程、静园内部改造工程、沙特国王图书馆工程（在俄文楼东）、生命科学科研大楼工程（在文史楼东）、第二体育馆改造工程、29楼和31楼重建工程（在邮局对面）、环境科学楼工程（在成府园的廖凯原楼南）、北京大学附小体育馆工程（在燕东园）等。

尤以生命科学院近年来的多项工程施工对植物的破坏最为严重。旧医院搬走改建综合科研楼导致生长几十年的栝楼死亡。文史楼后生物楼前的黄檗树不见了；生物楼后小院中楼房翻建导致周围大量物种消失（其中许多物种是分类学家汪劲武老师多年栽种并维护的）。文史楼东2015年启动的生命科学科研大楼工地上原来那些不起眼的卫矛、桑、海棠、新疆杨、锐齿槲栎、加杨、重瓣麦李、全缘栾、暴马丁香和无数小草则被"就地正法"。施工也挤走了许多大树，被移动的9株鹅掌楸中有4株在2015年5月已经完全死掉，另5株下部侧枝仍有绿叶，但很难成活。稠李和大花糯米条等移栽后虽然成活，但已元气大伤。

走到被移栽过来的鹅掌楸树下可以看到树上挂着"大树营养液"注射液。如此善良而给大树打针？其实这是一个利益链条：雇人把树挖出来，移走再重新栽上，注射营养液，大树死掉，重新购买新树苗，等着小树生长再动迁。每一环节都产生"效益"并可请功，但花的是纳税人的钱、折腾的是植物的生命。大树营养液的研发，本身就是为做坏事（如大树进城、进院或其他迁移）做准备的，人还没有善良到想为普通的大树输入营养。其实，植物对人的要求很低，在演化的长河中植物已经掌握了足够的生存本领，只要人别过分伤害就行，根本用不着人来注射营养。过了不久，死掉的大树被"消尸灭迹"，好像什么也没有发生过。

说起来真是极大的反讽：因生物科学研究，就可以无视生命的存在。可以辩解的是，"那不关我们的事，那是施工单位的事！"同样的逻辑可以反复出现，比如当公众对新技术的可能滥用日益担心时，有关部门和团体也说："那不关我们的事，我们追求真理。用好了记我们一功，用坏了则是他人的过失。"其实，这不能只怪北京大学生科院，全国、全世界的生科院也彼此彼此。以科学的名义研究生命，对缓慢进化而来的现实生命却越来越麻木，一些科技工作者习惯于以"反事实条件句"或"反自然条件句"的方式在实验室的人工环境下探究生命，然后习惯于不负责地把人工物释放于现实世界。对科研工作做全称的类似的价值判断，当然有冤枉的，比如北大生科院也有师生明确反对不友善地对待校园植物，但大体上没有冤枉。

引进原则与
宜引进的植物种类

学校应当成立校长直接领导下的“校园美化委员会”，就校园植物的短期、中期、长期引种进行合理规划，避免临时突击、乱栽乱种和随意搬迁与毁坏。对引种的植物种类应当登记造册，详述植物的学名、来源、费用、引种时间等，对其生长状况进行监测。此项工作也可由“校园美化委员会”委托相关院系和学生团体来实施。“校园美化委员会”应当组织专家和爱好者出版并定期修订《北京大学校园植物志》；这项工作有其特殊性，是北京大学校史的一部分。

校园空间有限，引入植物应当有长远打算，应当考虑如下四原则：

（1）多样性与节约原则。除了一般性观赏外，引种植物应着眼于丰富校园植物的科、属、种，有利于分类学及生物多样性教学。尽量不重复引进，控制每类植物引进数量；应严格控制草坪数量，避免每隔几年换一次草坪。尽量少引进不宜成活的植物。应有长远规划，尽量少折腾已经植入的植物。

（2）本土性原则。校园应当贯彻新型植物园理念，优先展示、保护本土物种，不能盲目引进外来种。北京大学校园应当优先引进北京、河北或者中国北方最有特色的植物。各地的植物园、校园都这样做，全国、全世界的植物展示和保护就方便了许多，也有了坚实的基础。但是，相当长时间里，植物园争相引入别人的好东西，却置自己的宝贝于不顾，任其默默无闻或渐渐消亡（校园还好些）。

（3）匹配原则。充分考虑北京大学校园各处的地形地貌和水体特点，引入相应的物种。植物的配种应考虑四季的变化，在观叶、观花、观果等方面有精细的设计。

（4）记忆原则。物种的引种应当考虑有可能对师生、校友留下长久美好印象，增强人们对校园、学校的亲和性。鼓励国际友人、名人、校友栽种有特色的纪念树。

建议北京大学有关部门有计划地适量引种一些北京本土植物，这类植物适应性强，引进费用也低。

值得引进的本土植物沙棘，胡颓子科。▽

木质藤本植物：狗枣猕猴桃，南蛇藤。

乔木或小乔木：山杏、黄连木、盐肤木、栗、拐枣、臭檀、胡桃楸、柞栎、蒙古栎、槲栎、小叶白蜡、花楸树、白桦、鹅耳枥、裂叶榆、刺榆、文冠果、水曲柳。

灌木：香荚蒾（探春）、刺五加、省沽油、沙棘、金花忍冬、美蔷薇、胡枝子、小花溲疏、东陵绣球。

陆生草本植物：荚果蕨、落新妇、紫花耧斗菜、白头翁、糖芥、长梗葱、玉竹、小玉竹、卷丹、射干、防风。

水生草本植物：睡菜、花蔺、荇、槐叶苹。

外来种可考虑引入：

枳、珙桐、巴旦杏、小紫珠、石蒜、东方罂粟、郁金香、王冠贝母、岷江百合、大百合、木香、斑竹、北美圆柏、日本香柏、银白槭（*Acer saccharinum*）、糖枫（*Acer saccharum*）、北美红枫（*Acer rubrum*）、大叶枫（*Acer macrophyllum*）、欧洲小叶椴（*Tilia cordata*）、欧洲榛（*Corylus avellana*）、欧洲落叶松（*Larix decidua*）。

值得引进的本土植物香荚蒾（探春），五福花科。花极香。▷

△ 值得引进的本土水生植物花蔺，花蔺科。此植物比较普通，但有相当的分类学意义，从教学的角度应当引进。

◁ 值得引进的本土美丽水生植物睡菜（睡菜科）。它本来是北京的本土植物，但《北京植物志》未收录。目前延庆田宋营还有极少量分布。

值得引进的本土植物玉竹，百合科。极易成活。△

值得引进的本土蕨类植物荚果蕨，球子蕨科。▷

附录

北大最美的十棵树

王立刚

北大里面，人有俗人，但树无凡品。

世间的生灵惟有树既诚笃，又灵动，没有不美的。所谓“最美”决不是对其他草木的贬损，只是单出于某时某刻的感兴，或者不知不觉间的“比德”。

第一，三角地的柿子林。

这是一些早已被消灭的美丽乔木。

霜白而秋实，万柿如灯，说不出的璀璨和温暖。

当三角地柿子林和图书馆东草坪被铲除之后，很多人都觉得这是一个前兆（Omen），或许校园歌手早在弹唱wind of change的时候就已经忧郁地预言了。

东草坪弥散的是静穆之气。

东草坪的松柏，伫立的姿势像望羊的儒者，像严冷的隐士，它们像是在庇护、或守望着什么，这种护望如履薄冰，如临大敌，而且似乎朝不保夕。

柿子林散发的是蓬勃之气。

高挂的柿子总让我想起五六十年代的宣传画里青年们的脸颊。那种气色是如此饱满，就像是神在他们的灵魂里涂了一层金子。

走得太早的人没有亲历那种怅然。

来得太晚的人无法想象它的美丽。

你说北大总是要变的。

我说你错了，这不是变。

变和化是不同的。

宋朝人读四书，蒙元人读四书，甚至八旗人也读四书，四书是道路，不同的只是行者的脚，这叫变；若宋朝人读四书，至元朝读密经，至清朝读新约，这就不是变，是化。

北大还怕变吗？北大本自戊戌变法中来，康有为说得好：变则通，通则久。北大是一直在变的，但万变不离其宗。北大所宗的东西如果也变了，那就是化，北大也就不是北大了。

北大所宗的是什么呢？

我不知道，就如同我从来没有吃过柿子林的柿子，我曾想象过它的味道，四分甜带着六分苦涩，因为它必定茹受了很多风霜。

第二，西门南华表的银杏。

《燕园草木补》进入三校时，策划编辑杨虚杰说读到最后感觉需要有篇文章来结尾，希望我作一些调整。我倒是想过把拍摄照片的一些经历提一下，比如有一次下朗润湖拍摄水生植物脚被划伤，排版过程中仍然不断让美术设计刘影子补入新找到的小草，等等。但这样做太老套，信息量不大，境界也不够。此时我想起老友、《天涯芳草》策划编辑、北京大学哲学系毕业的王立刚先生撰写的“北大最美的十棵树”。打电话征得立刚同意，将此文作为《燕园草木补》的结尾。在科学意义上，燕园并无奇花异草，但在哲学、博物学意义上，燕园尽是奇葩（在此你知道我不是在用网络语言）！我非常同意立刚的看法：植物没有不美的。有了美丽的心灵，就能看到美的树、美的草，十棵、百棵、无数棵。树和树人，是有联系的！感谢立刚。——刘华杰，2015年9月11日。

这是北大最壮观的园林布局。轩楼朱阁，飞檐嵯峨。如果不是这棵银杏生得天庭饱满，地阁方圆，枝雄干壮，外秀慧中，怎能压住这里的氛围。

清秋气穆，灿然的落英和白果，陨堕如雨，仰首其下，觉得她占满整个天空，并且如同天空一样有尊严。

不知是不是帝苑式的格局对这颗银杏产生了影响，她透出不可匹敌的王气。左近的华表是从圆明园弄过来的，还有风传说为了重修圆明园，有人要“讨”华表回去。清王朝真正的余烈到底是在残垣断壁的圆明园，还是在“以期人才辈出，共济时艰”的太学遗脉呢?

第三，静园草坪的松树。

北大里面松树很多，但大多背景芜杂。松树不是樱花，不适合成群成片地观看。就像梅树一样最能在清冷孤寂处见出夭矫的劲质。

静园草坪原来种了很多果树，后来拔掉栽草，成了如今的样子。

前面轩敞的草坪作望景，后面平整的纪念碑作幕墙，几颗白皮松掩映俯仰，退让合度，如静如舞，其色如玉，其默如宣。

第四，一院到六院的爬山虎。

北大的黛瓦青砖营造的是冷静的调子，冷碧的爬山虎会让很多建筑显得有些阴森。但这里却因开阔的静园，独享了朝朝暮暮的阳光。沧桑的十二面人字形山墙上，生长着这些每年都有青春的植物。就如同十二张宣纸上，爬山虎如墨色，或横或斜，或皴或染，有时碧绿如泼，有时疏影婉约，是北大造景中的神来之笔。

然而多少有点讽刺的是，北大园林中最精彩的部分要么是明清的遗迹，要么是当初外国设计师的意匠，新近的北大营造只是在不断增加笑柄。

第五，临湖轩的竹子。

北方的竹子在筋骨上不入流，但风色却有独到的地方，所谓“绿肥”。这在下雪天就格外精神，森郁的竹丛，冷碧的叶子上承着厚雪，很能激发文人之想。难怪当年在燕大的冰心选在这里举行婚礼，她的文字那么晶莹明爽，就像被雪澡过的竹叶。如今被书商包装过的北大才女如走马灯换了无数代，没有人能写出“雨后的青山像洗过的良心”这样剔透的句子，才高如张爱玲，也得暗服冰心的真。

第六，未名湖南岸的垂柳。

湖畔栽柳是亘古不易的良选。柳树的婀娜流动与湖面的平远宁静相洽，柳丝的垂线与涟漪的横线相得。

北大的园林其实非常局促，若不是有“全国重点文物保护单位”的名头罩着，未名湖或许早被改成五星酒店前的钓鱼池了。

但就是在局促和喧闹中，未名湖区的营造运用中国古典造园艺术的妙手，真的做到了小中见大，咫尺千里的效果，那么小的一片水面，却似乎有走不完的湖岸，看不尽的明灭。荡漾的湖水才是北大流动的圣节。

第七，浴室南面的法桐。

这排美丽的梧桐生长在北大最热闹的地段，多少女孩的雨伞上曾经落过它巨大的叶子，多少男孩的短发上曾经落过它滤下的雨滴。多少个酷夏，人们从它们脚下获得短暂的清凉，多少次冲澡，对它们“坦诚相见”。

梧桐在古诗词中多是凄冷的意象，惟在这里换了面目。树粘人气，它们一定是通灵的。

第八，五四体育馆大门旁边的白蜡树。

这棵树斜得很美。就像照水的纳西索斯，简直要一头栽下来。

其余三季倒也不怎么觉得，唯独秋天的时候，一树金黄，如同梵高在蓝天画布上刷出来的。

第九，正南门主路两旁的槐树。

槐树阴森，左木右鬼，栽在边边角角的地方，就显得很邪性。燕南园里的槐树就是这样，阴气太重。

而主路两边的国槐，排列有序，树冠穹合，如同一条绿色的长廊，每年报到的新生都要从这条路走进来，但毕业的时候却从各自的路散出去。

每个北大人都有大致相同的开始：因为他们的天分，北大选择了他们。但最后，却有很不同的结局，这一次是他们自己的选择，或者成为北大的骄傲，或者成为北大的耻辱，或者不做选择，而是把北大的印记一一抹除。

第十，三教足球场东边的白杨树。

这也是一些被消灭的乔木。

它们的遭遇是柿子林悲剧的延续，但不同的是多了些荒诞。

柿子林被砍是因为要修“世界一流”的大讲堂，尽管光秃秃的广场并不是“世界一流”的必要条件。但毕竟广场还是空旷的多，所以柿子树可以说是“死得其所”。但这排白杨树的死却没换来“世界一流”的体育场。只不过树两边的土场变成了塑胶场地。我们和白杨树都不明白砍树的必要性在哪里。

这些白杨树对我们那时候的学生有特别的意义。

三教那时是北大最大的教学楼，没有空调，锈迹斑斑的窗子，狭窄逼仄的桌椅。多少学生在百无聊赖之时望向窗外，那排白杨树是我们的双眼唯一可以投靠的风景。

它们主干雄壮，侧枝如怒发上冲，盛夏之时，绿意磅礴。

而如今这磅礴的绿意只能偶尔如潮水漫入很多老北大的梦境。

在梦境里，树阴如同锦绣，绣在女生雪白的裙边上，她的膝头放着布莱克的诗集，我却记不起她当时读得是哪一页。

踢足球的男生躺在下面，横七竖八，如同水浒刻本里的插画，头顶阳光扫过油亮的叶子，仿佛铿锵的琵琶。

我曾仰慕的山鹰社队员们夜训的时候，月光穿过树枝，照在他们发鬓结冰的汗珠上。

从回忆的画面开始，到回忆的画面结束。

或许会给人一种错觉，北大的草木都只在幻境里存在了。这几乎是肯定的。灼热的电锯和冰凉的铲车就像植物们不期而遇的宿命。谁知道某年某月某天经过某个角落，看到某棵熟悉的树横陈泥淖，抑或一无所见，只是一片陌生的空白占据着不该空白的空间。

这不是怀旧，不是物哀。

桓温说：“树犹如此，人何以堪。”北大的编年，若只能写在书上，终是死的；若能写进树的年轮里，将永远是活的。

它们美丽的枝条如同穿越历史的手臂，向我们伸展。

但你只截断，截断……

直到真正的历史成了记忆中的海市蜃楼，有谁还记得拍着树干，感喟“人何以堪”？

感喟历史是种高贵的气质。

而失去历史路标的人们失去了感喟的能力，也渐渐远离高贵。

索引